BIBLIOTHÈQUE
DU
MAGASIN PITTORESQUE.

PROMENADES
D'UN NATURALISTE.

INSECTES.

ENTRETIENS FAMILIERS
SUR L'HISTOIRE NATURELLE DES INSECTES;

OUVRAGE

DESTINÉ A SERVIR DE GUIDE POUR L'ÉTUDE
DES MŒURS, DE L'INDUSTRIE ET DE L'ORGANISATION DE CES ANIMAUX,
AVEC UNE PLANCHE EXPLICATIVE;

PAR

M. Félix Dujardin,

Membre de la Société philomatique.

PARIS,
AU BUREAU DU MAGASIN PITTORESQUE,
RUE JACOB,
1838.

BIBLIOTHÈQUE

DU

MAGASIN PITTORESQUE.

Paris. — Imprimerie de BOURGOGNE et MARTINET,
Rue Jacob, 30.

PROMENADES

D'UN

NATURALISTE.

INSECTES.

ENTRETIENS FAMILIERS

SUR L'HISTOIRE NATURELLE DES INSECTES,

OUVRAGE

DESTINÉ A SERVIR DE GUIDE POUR L'ÉTUDE
DES MŒURS, DE L'INDUSTRIE ET DE L'ORGANISATION DE CES ANIMAUX;

PAR

M. FÉLIX DUJARDIN,

Membre de la Société philomatique.

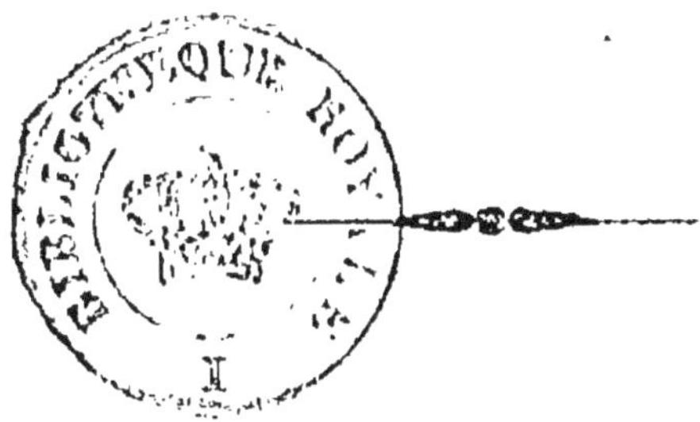

PARIS,

AU BUREAU DU MAGASIN PITTORESQUE,

RUE JACOB, 30.

1838.

TABLE GÉNÉRALE.

*a**

PREFACE.

L'amour des collections a en grande partie usurpé la place de l'étude des mœurs et
de l'industrie des insectes : les divisions,
les subdivisions, et par suite les dénominations nouvelles se sont multipliées à l'excès;
aussi les ouvrages purement scientifiques de-
viennent-ils chaque jour plus inabordables
pour les personnes qui ne cherchent qu'un
délassement dans l'étude de l'histoire naturelle.

Sans prétendre blâmer cette tendance ac-
tuelle de l'entomologie, nous avons voulu
offrir à nos lecteurs un essai de ce qu'on
pourrait faire pour revenir à l'ancienne manière d'observer les insectes; nous avons
voulu les guider jusqu'à l'entrée d'une science
qui leur promet des sujets de contemplation

toujours neufs, des jouissances toujours nouvelles.

Pour cela, il fallait nous éloigner de la forme des ouvrages méthodiques; il fallait prendre avec nos lecteurs le ton de la conversation, et présenter, dans les termes les plus simples, ce qu'ils trouveront bien plus savamment exprimé dans les livres que nous leur indiquons à la dernière de nos promenades. Les conversations, les instructions familières, la correspondance, ou les promenades, telles étaient les diverses formes qui pouvaient être adoptées. Nous avons choisi celle des promenades parce qu'elle s'accorde mieux avec un genre de recherches dans lequel on doit presque toujours au hasard les plus belles découvertes.

Notre livre peut être compris par tout le monde, même par des amateurs encore bien jeunes; mais nous devons recommander aux lecteurs de ne pas se borner à lire; de faire, autant qu'il leur sera possible,

l'application immédiate de leurs lectures ;
et de chercher, à chaque promenade, les
insectes dont nous les entretenons ; car une
description ou une démonstration que la
pensée seule comprendrait avec peine deviendra d'une extrême clarté en présence
des objets mêmes de notre étude.

On ne devra point s'effrayer du nom latin
que nous avons mis entre parenthèses, en par-
lant de chaque insecte ; ce nom, étant celui
que tous les naturalistes du monde admettent
aujourd'hui, servira à reconnaître les insectes décrits ou figurés dans les ouvrages anglais, américains ou allemands. On fera bien
aussi de désigner par ce nom seul les insectes rangés dans la collection ; ce sera le
moyen de profiter des renseignements ou des
rectifications qu'on devrait à l'obligeance de
quelque naturaliste plus instruit.

Nous nous estimerons heureux, si notre
livre, en conduisant quelques amis des ré-
créations instructives au milieu de la campagne, peut leur suggérer le désir de lire

d'eux-mêmes dans le grand livre que la nature tient ouvert à tous les regards. C'est alors seulement qu'ils pourront recourir avec fruit à des ouvrages plus savants. En attendant, nous leur dirons : Parcourez les champs, les coteaux, les forêts ; suivez le cours ombragé des ruisseaux ; cherchez, admirez, observez ; les idées que vous aurez acquises ainsi fructifieront dans votre esprit, et deviendront la base d'une science que vous n'oublierez point.

PROMENADES

D'UN NATURALISTE.

*

INSECTES.

PROMENADES

D'UN NATURALISTE.

INSECTES.

Première Promenade.

(25 JANVIER.)

INTRODUCTION. — MÉTAMORPHOSES. — CARACTÈRES GÉNÉRAUX DES INSECTES.

Les insectes, pour quiconque n'a point été ini-
tié à l'attrayante étude de leurs formes, de leurs
habitudes, de leurs instincts et de leurs métamorphoses, ne sont qu'un objet de dégoût
et d'importunité. C'est là un préjugé provenant
de l'éducation, car pour s'opposer au penchant
que nous avions étant enfants de tout manier
sans discernement, on nous a souvent dit que les

chenilles et la plupart des insectes sont des bêtes sales et venimeuses, tandis que quelques uns tout au plus sont capables de causer une piqûre ou une morsure légères. Pendant long-temps moi-même je me suis trouvé sous l'influence de ce préjugé, et ce n'était qu'avec une répugnance extrême que je touchais certains insectes; mais j'ai accoutumé mes enfants très jeunes encore à plus de confiance envers ces petits êtres. Si parfois une abeille saisie sans précaution leur a fait sentir son aiguillon, une goutte d'ammoniaque a bien vite effacé la douleur; et, au prix de quelques accidents de ce genre, tous fort peu redoutables, ils ont bientôt vu dans un insecte bourdonnant autour d'eux, non point un ennemi, mais seulement un objet digne d'intérêt ou d'admiration.

Le premier soin de ceux qui nous accompagneront dans nos promenades sera donc de vaincre tout effroi et tout dégoût puérils. Ils devront ensuite s'engager à quelque persévérance dans leur désir d'apprendre, car il ne nous suffira pas d'observer les insectes dans la campagne et de les examiner un instant : la multitude et la variété des objets auraient bientôt troublé nos souvenirs, et le plaisir passager de nos recherches serait sans fruit. C'est par des comparaisons que nous acquerrons des notions précises sur ces petits animaux ; il sera par conséquent nécessaire, à mesure que nous en aurons examiné quelques uns, de les conserver avec ordre en inscrivant au-dessous de chacun d'eux le nom qu'on est convenu de leur donner. Dans ce but, il faudra nous résoudre à un acte que réprouve d'abord la sensibilité, mais dont nous apprécierons plus tard moralement et physiquement les conséquences : il faudra traverser le corps des insectes avec des épingles proportionnées à leur taille, et les fixer dans une boîte plate de carton ou de bois dont le fond sera garni, soit d'une plaque de liége recouverte de papier blanc, soit simplement de rondelles de bouchon ou de moelle de sureau.

La collection d'insectes. — Les insectes se conservent sans altération pendant longtemps. On peut même composer avec les plus brillants d'entre eux, et surtout avec les papillons, des groupes qui plaisent au regard comme des dessins vivement coloriés.

Mais en travaillant à former notre petite collection, nous repousserons bien loin la prétention qu'elle devienne jamais complète ; il suffirait, pour renoncer à une telle pensée, de considérer la multitude des espèces connues ou à connaître sur la surface du globe. En effet, des calculs approximatifs permettent d'évaluer ce nombre d'espèces à cinq cent soixante mille, et ce qu'on nomme une *espèce*, c'est l'ensemble de tous les individus mâles et femelles ayant les mêmes caractères. Il est vrai que si l'on se bornait aux insectes de France, on en trouverait à peine de douze à quatorze mille; mais que ce nombre est grand encore, quand on songe à ce qu'il faudrait consacrer de temps à chaque espèce pour se la procurer, l'étudier et la placer convenablement dans la collection! Nous n'imiterons pas non plus ces amateurs qui n'ont d'autre but que de satisfaire leur goût pour la possession. Une collection pour eux n'a de prix qu'en raison du nombre des choses rares qu'elle contient : chaque insecte ne vous apprend rien de plus que son nom et celui du pays d'où on l'a tiré.

Souvenirs inscrits dans la collection. — Pour nous, la collection ce sera l'occasion d'étudier les mœurs de chaque insecte, ses métamorphoses, les prodiges de son organisation et de son industrie; nous y placerons donc autant que possible le même animal sous ses diverses formes, ainsi que son nid ou ses œufs, et nous ajouterons sur l'étiquette l'indication des circonstances dans lesquelles nous l'aurons trouvé. Vous ne sauriez croire combien de plaisirs vous vous préparez ainsi dans l'avenir avec ces notes commémoratives.

Par exemple, dans ma collection, je lis au bas de la lebie à tête bleue : « Trouvée sous l'écorce d'un sycomore le long de la Loire, février 1826; » et toute une série de souvenirs, une foule de sentiments se présentent à mon esprit : les amis, les plaisirs, les travaux de cet hiver si loin de moi, le beau fleuve grossi par les neiges fondues, le rayon de soleil, présage trompeur d'un printemps hâtif, et même les refrains joyeux du carnaval, tout revient à la fois exciter le sourire sur mes lèvres. Que sera-ce donc dans vingt ans, dans trente ans peut-être? Ah! certes, je ne ferai pas comme ces amateurs auxquels leur collection rappelle seulement les dépenses qu'elle a occasionnées. Je garderai toujours la mienne; c'est le carnet de mes souvenirs. Cet insecte, je l'ai pris dans la belle forêt de Berçay; cette nébrie vient des côtes de la Vendée; celui-ci me rappelle le sommet des Pyrénées, cet autre le beau ciel de la Provence et les bords de la Méditerranée; en voici un dont la découverte m'a récompensé d'une course pénible, et un autre que je trouvai à la suite d'un orage qui m'avait trempé jusqu'aux os S'ils se détruisent, ces chers insectes qui ne m'ont point coûté d'argent, ce sera pour moi un triste avertissement, mais au moins leur étiquette me restera pour garder leur place. — Vous aurez donc soin de faire des étiquettes un peu détaillées ; mais, en outre, je vous engage aussi à tenir un petit registre de vos observations. Vous aurez inscrit bien des problèmes dont la solution ne viendra que plus tard, et vous serez charmés, en relisant ces notes, de retrouver un jour l'explication qui vous aura manqué.

LES INSECTES D'HIVER. — Commençons donc notre récolte d'insectes, quelle que modique qu'elle puisse être dans cette saison rigoureuse, afin que nos premières étiquettes portent la date de janvier et nous rappellent le début de notre étude. Aussi bien, depuis huit ou dix jours, la température plus douce aura pu tirer de leur sommeil hivernal quelques insectes, et ce rayon de soleil qui nous invite à sortir en aura peut-être fait éclore quelques autres le long de ce mur exposé au midi.— Visitons-le d'abord en traversant le jardin.

La Pyrrhocoris. —Voilà précisément la Pyrrhocoris, ou Punaise rouge des jardins; elle sait s'abriter pendant les grands froids dans des trous de mur où la gelée pénètre difficilement, et elle se montre aussitôt que le soleil vient réchauffer son asile. Ces pyrrhocoris, réunies en troupeau à la base des feuilles de roses trémières que l'hiver a respectées, semblent se tenir là pour prendre l'air seulement; mais regardez de plus près, vous les verrez occupées à pomper les sucs de la plante au moyen d'une petite trompe très mince qu'elles enfoncent dans l'écorce. Vous remarquez que cet insecte, long de quatre lignes au plus, a six pattes et deux longues cornes; il est d'un noir brillant sur la tête et sous le corps; le dos est rouge avec une tache noire au milieu, et deux plaques écailleuses qui tiennent la place des ailes, et forment une armure incomplète, sont également rouges avec une tache ronde au milieu et un point noir vers le haut. Son nom ferait supposer qu'elle a une mauvaise odeur, mais il n'en est rien.

La Féronie. — Ecartons ces pierres et ces mottes de terre, voilà un insecte bien différent; son armure noire ou bronzée et polie le couvre entièrement; vous voyez qu'elle est formée de plusieurs pièces; en les écartant, on aperçoit des ailes de fine gaze reployées soigneusement. Il a aussi six pattes et deux longues cornes que nous nommons des antennes; mais au lieu d'une trompe, il a une

double paire de mâchoires qui s'ouvrent latéralement comme des ciseaux. Aussi ses instincts
sont-ils fort différents ; c'est un insecte broyeur,
et l'autre était un suceur ; il se nourrit de proie
vivante, et fait partie de la famille des carabes,
insectes éminemment carnassiers. Sa forme
ovale, oblongue, sa démarche agile, ses antennes amincies à l'extrémité, et sa bouche portant
avec ses quatre mâchoires des barbillons mobiles articulés qu'on nomme des palpes, au nombre de six, nous le feront reconnaître pour un
Harpale ou une Féronie.

Les Podures. — Il a fallu se servir de la loupe
pour distinguer les parties de la bouche de notre carabe ; la loupe sera plus indispensable encore pour
bien voir ces petits insectes, longs d'une ligne,
gris ou noirâtres, et qui sautent comme des puces.
Ce sont des Podures ; ils ont six pattes grêles, deux
petits yeux noirs, deux antennes en fil, et une
queue fourchue repliée sous le ventre et faisant
le ressort quand ils veulent sauter. Il y en a
de plusieurs espèces ; les unes sont comme argentées ou plombées, et doivent cet aspect à de
petites écailles disposées comme celles des poissons ; les autres sont noires et velues. On a distingué sous le nom de Smynthures celles qui au
lieu d'avoir le corps effilé l'ont globuleux ; il en

est quelques unes qui en se rassemblant présentent un tas noir comme de la poudre à canon.

Le Trombidion.— Cet autre animalcule, rouge comme du carmin, mou et velouté, gros comme une tête d'épingle, c'est le Trombidion satiné, l'un des premiers insectes qui paraissent dans les jardins après les grands froids. On est presque sûr d'en rencontrer ainsi dans les endroits abrités, sous les feuilles et les herbes sèches. Il a huit pattes, mais dans son premier âge il n'en avait que six, et vivait alors en parasite sur le corps de divers insectes ; maintenant il court sur la terre après une proie plus proportionnée à sa taille, et la saisit au moyen de deux petites pinces dont sa tête est munie.

LES MÉTAMORPHOSES. — *Les Chrysalides.* — Sous l'abri formé par le chapeau du mur et dans les fentes assez larges, il y a quelques cocons de papillons nocturnes. Celui-ci, qu'on prendrait pour un sale paquet de poils de chenille et de filasse brune, renferme la chrysalide de l'Écaille martre, ou *bombyx caja.* Emportez-en plusieurs, vous les verrez éclore en un papillon très beau, quoique bien commun ; son corps est brun velouté, ses ailes supérieures sont d'un brun foncé marbré de blanc, et ses ailes de dessous, ainsi que le ventre, sont rouges avec des taches noires. Sa chenille que vous avez vue courir bien souvent dans les chemins est couverte de poils bruns, longs et nombreux, dont elle se dépouille pour garnir son cocon au moment de se changer en chrysalide.

Voilà une autre chrysalide qui a bien mérité ce nom, dérivé du mot grec *chrysos*, qui signifie l'or; elle donnera un papillon diurne qu'on nomme la Grande-Tortue (*vanessa polychloros*), et comme toutes celles des papillons analogues, elle est anguleuse, taillée à pans coupés, et présente des plaques d'or sur un fond brun. Remarquez aussi comment elle s'est suspendue par la queue à un petit amas de soie que sa chenille avait filé. Elle n'a pourtant pas d'autre mouvement possible, cette chrysalide, que de se courber brusquement d'un côté et de l'autre quand nous la touchons; mais cela lui a suffi pour remonter, en s'y cramponnant, le long de la dépouille de chenille qu'elle quittait, jusqu'à ce qu'elle fût arrivée à s'accrocher à la soie qui la soutient. Cette chrysalide, d'un jaune verdâtre et terne, qui s'est attachée par le milieu du corps pour se maintenir la tête en haut, provient d'une chenille qui dévore les choux, et nous donnera un de ces papillons blancs très communs qu'on voit voltiger dans les jardins pendant l'été; c'est la Piéride de la rave, ou le petit papillon du chou.

Les Chenilles de Noctuelle. — Donnons nous-mêmes quelques coups de bêche le long des plates-bandes du potager ; nous allons trouver d'autres chrysalides qui pour se transformer se cachent dans la terre, et surtout nous trouverons leurs chenilles. — Celle-ci, qui est verte avec trois raies blanches sur le dos, doit se nourrir de quelqu'une des plantes les plus communes autour d'elle, et, en effet, elle mange indifféremment l'ortie, la pimprenelle, l'absinthe, etc. ; mais elle se cache en terre pendant le jour et ne vient paître que la nuit, c'est ce qui la fit nommer la *méticuleuse* par un ancien naturaliste. Emportons-en plusieurs, elles seront faciles à nourrir dans une boîte ou dans un pot à fleurs au fond duquel on laissera une couche de terre et que l'on couvrira d'une gaze ; ce sera le commencement de notre petite ménagerie. Nos chenilles se changeront en chrysalides d'ici à cinq ou six semaines, et au mois de mai nous en verrons sortir un papillon nocturne assez beau, la Noctuelle méticuleuse.

Ici, contre la bordure d'oseille, nous sommes sûrs de trouver beaucoup de chenilles vertes ou brunâtres, qui se nourrissent de cette plante, et se cachent aussi pendant le jour. Elles nous donneront une autre noctuelle (*noctua pronuba*). En voici une encore plus commune. Elle est reconnaissable, parce qu'elle n'a que douze jambes. C'est une de celles qui font le plus de tort aux légumes ; son papillon gris, peu remarquable, se nomme la *noctuelle lambda*, parce qu'il porte au milieu de ses ailes supérieures, près du bord, une tache argentée ressemblant au lambda de l'alphabet grec. Nous trouvons aussi une chrysalide d'une de ces noctuelles ; elle est brune, lisse, de forme ovale, allongée, et paraît tout unie. Mais on distingue à travers son écorce uniforme les diverses parties du papillon : ses pattes, réunies en faisceau avec sa trompe et ses antennes, sont appliquées en avant ; ses ailes, qui s'agrandiront beaucoup à l'instant de l'éclosion, sont logées sous une plaque triangulaire de chaque côté.

Ce n'est donc là qu'un papillon emmaillotté ; et nous pourrions le prouver immédiatement en plongeant un instant dans l'eau bouillante notre chrysalide, qu'il serait aisé de dépouiller ensuite pour étaler et mettre en évidence tous les membres du papillon qui en serait sorti comme la chenille sort de son œuf. La chrysalide elle-même avait été sous la peau de la chenille ; il n'y a donc point ici de métamorphoses comme celles de la mythologie, mais tout simplement des changements d'enveloppe et des modifications d'organes chez un même animal. La chenille destinée à ronger des feuilles avait des mâchoires fortes et des pieds courts et robustes appropriés à son genre de vie. Pour devenir un insecte aérien, qui, destiné à vivre quelques jours, n'a besoin que de pomper le suc des fleurs, il a fallu que pendant une période de repos et de sommeil, et sous la nouvelle peau bientôt endurcie de la chrysalide, elle changeât peu à peu ses organes, qu'elle allongeât ses pattes et que sa bouche devînt une trompe formée de deux petites gouttières laissant entre elles un canal.

Les Larves. — Nous comprendrons mieux encore ces métamorphoses quand l'organisation des insectes nous sera connue. Les mouches, les hannetons, les abeilles, les fourmis, de même que les papillons, s'offrent d'abord sous la forme d'un ver blanc qu'on nomme une larve ; puis, à une certaine époque, les larves, parvenues au terme de leur accroissement, cessent de prendre de la nourriture et restent immobiles sous une nouvelle forme ; on les nomme alors des nymphes. Enfin, au bout de quelque temps, l'insecte parfait quittant cette dernière forme, paraît avec des instincts et des organes tout différents. Alors seulement il songe à se reproduire par des œufs qu'il sait loger et disposer avec une admirable industrie, de manière que les larves naissantes trouvent à la fois la nourriture et un abri. Leur vie d'insecte paraît n'avoir pas d'autre but ; aussi dure-t-elle fort peu de temps. Ils pondent leurs œufs, et meurent bientôt après ; quelques uns même, tels que les papillons de vers à soie, n'ont pas besoin de nourriture, tandis que les larves et les nymphes, qui ne peuvent se reproduire , ont une existence bien plus prolongée. Il en est qui vivent même pendant deux ou trois ans.

D'autres insectes, tels que les sauterelles, les grillons et les punaises des champs, comme notre pyrrhocoris, n'ont point de métamorphoses de ce genre ; ils changent de peau plusieurs fois sans éprouver d'autre changement de forme que le développement de leurs ailes ; d'autres encore, comme les podures et les araignées, n'ont que de simples mues et n'acquièrent aucun nouvel organe extérieur en se développant.

Le Ver-blanc du hanneton.— Allons maintenant vers ces ouvriers qui déracinent des arbres, nous trouverons sans doute dans leurs fouilles quelques larves intéressantes.—Comme nous l'avions supposé, voilà des larves de hannetons, que les jardiniers connaissent tous sous le nom de ver-blanc ou de turc : elles dévorent les racines des arbres et des plantes potagères, et passent trois années en terre avant de se transformer en insecte parfait ; voilà pourquoi on a remarqué que les hannetons ne sont très abondants que tous les deux ou trois ans. Cette larve allongée, plus petite, noire et veloutée, est celle d'un insecte carnassier de la famille des carabes : elle est très carnassière elle-même et fait la guerre aux chenilles et aux vers qui vivent sous terre ; comme le ver-blanc, elle a six pieds écailleux et une tête revêtue d'une écaille très dure et armée de fortes mâchoires.

Les Cossus.—Essayons d'enlever, au moyen du ciseau de menuisier que nous avons apporté, l'écorce de cet arbre abattu ; voilà des larves blanches, molles et sans pieds, qui n'ont de solide que la tête avec de fortes mâchoires destinées à ronger le bois : vous voyez quelle vaste route elles se creusent entre l'écorce et l'aubier ; elles élargissent leur galerie à mesure qu'elles avancent, et derrière elles la laissent remplie de débris. Ces grosses larves blanches et potelées étaient trouvées fort appétissantes chez les Romains, qui les nommaient *cossus* et les nourrissaient avec de la farine pour les engraisser, afin d'en faire un des mets les plus exquis de leurs tables. C'est ainsi qu'aujourd'hui en Amérique on mange sous le nom de ver-palmiste la larve d'un gros charançon qui vit dans le tronc des palmiers. Nous pourrons bien essayer de nourrir ces larves comme les Romains, non point dans l'intention d'en faire des ragoûts, mais afin d'étudier leurs métamorphoses, quoiqu'on obtienne rarement d'insecte parfait de cette manière ; mais voilà des nymphes de ces mêmes larves, nous serons bien plus sûrs de leur voir subir chez nous leur dernière transformation. Comme toutes les nymphes d'insectes coléoptères ou à étuis, elles sont jaunâtres, molles, et montrent à l'extérieur tous leurs membres bien distincts : les pattes sont rapprochées en faisceau le long du ventre, et les ailes appliquées sur les côtés : les antennes sont également repliées en avant, voyez combien elles sont longues ; elles se recourbent chez l'insecte parfait comme des cornes de chèvre, et lui ont valu le nom de Capricorne. Toutes ces larves et ces nymphes, quoique de grosseur différente, appartiennent donc à des insectes de la famille des capricornes ou longicornes. Ceux-ci ont des ailes couvertes d'étuis durs et coriaces appelés élytres, comme les carabes et les hannetons, et pour cette raison on les nomme en général Coléoptères, des mots grecs *koleos,* étui, et *pteron,* aile.

Dans la terre remuée, nous avons pris des scolopendres ou mille-pieds, ainsi nommés du grand nombre de leurs pieds : ils ont des mâchoires et des antennes comme les insectes carnassiers. Voilà dans le creux de cet arbre un cloporte que vous connaissez tous, regardez seulement le nombre de ses pattes, il en a quatorze. Enfin, nous avons aussi une petite araignée qui s'est fait une loge de soie pour passer l'hiver entre les plaques de l'écorce : elle a huit pieds seulement, et de plus elle a ses yeux, également au nombre de huit, rangés sur son front comme un diadème de perles noires ; vous allez pouvoir trouver encore d'autres insectes engourdis sous ces écorces , c'est une mine à exploiter qui vous fournira toujours des choses nouvelles.

Le Scorpion-Araignée.—Approchez davantage pour voir ce petit animal qu'on nommait autrefois le faux-scorpion ou le scorpion-araignée, parce que, comme cet insecte venimeux, il porte en avant deux longs bras terminés par des pinces, mais il n'a pas comme lui une queue articulée et un aiguillon à l'extrémité. Il est d'ailleurs toujours beaucoup plus petit, car on ne voit guère de ces petits insectes longs de plus d'une ligne ou une ligne et demie. On les nomme aujourd'hui Pince (*chelifer*), et l'on distingue parmi eux sous le nom d'Obisie (*obisium*) ceux qui ont quatre petits yeux au lieu de deux. Celle-ci est la pince cancroïde, c'est-à-dire ressemblant au crabe ou cancre; elle marche à reculons ou de côté, et se tient sous les écorces, où son corps aplati lui permet de se glisser, en faisant la guerre à ces insectes plus petits qui sont des mites. Nous trouverons d'autres pinces et des obisies sous les pierres ou dans la mousse; il en est aussi qui vivent dans les maisons et qu'on trouve en feuilletant les vieux livres et les herbiers.

CARACTÈRES GÉNÉRAUX DES ARTICULÉS. — Mais nous avons déjà assez d'insectes pour comprendre leurs caractères généraux. Remarquons d'abord que toutes les parties dures, composant ce qu'on pourrait nommer un squelette, sont chez eux à l'extérieur, tandis que dans les mammifères, les oiseaux, les reptiles et les poissons, le squelette est interne; lors même que la peau est dure comme celle des tortues, des crocodiles, des tatous, etc., il n'y a pas moins à l'intérieur toute une charpente osseuse pour supporter les chairs. Rien de tel dans les insectes : si on voulait admettre que leurs membres sont soutenus par des os, ce seraient des os extérieurs enveloppant la chair, tout au contraire des os des autres animaux.

On remarque aussi que leur corps et leurs membres, ou du moins ceux-ci, sont formés d'anneaux, d'articulations successives, séparés par des étranglements plus mous, plus flexibles : c'est de là qu'est venu le nom général d'animaux articulés ; ainsi la scolopendre, le cloporte, montrent distinctement une suite d'anneaux plus ou moins séparés et portant chacun une paire de pattes ; dans les larves et les chenilles, les anneaux, quoique mous, sont bien visibles encore, et dans les insectes parfaits on reconnaît les mêmes anneaux malgré leur changement de forme. Dans les araignées, on ne voit que deux anneaux ; dans les trombidions, il n'y en a qu'un seul ; mais chez ces insectes, comme chez tous les autres, les membres sont distinctement articulés, et ce caractère ne manque jamais.

Le nombre des membres est un autre caractère qui a servi à distinguer les animaux articulés en plusieurs classes. Les insectes sont les seuls qui, arrivés au terme de leur développement, n'aient que six pattes ; les araignées en ont huit, et les mites, comme les trombidions, qui font partie de la même classe des arachnides, après en avoir eu six dans le premier âge, finissent aussi par en avoir huit. Les scolopendres, qui font partie de la classe des myriapodes, en ont six ou huit à leur naissance, mais elles finissent par en avoir un nombre considérable ; et enfin les crustacés en ont quatorze, comme le cloporte, ou dix seulement, comme l'écrevisse. Les ailes, au nombre de deux ou de quatre, sont aussi un attribut exclusif des insectes parmi les animaux articulés ; les cornes ou antennes, qui varient tant par le nombre des pièces ou articles et par leur forme, n'appartiennent qu'aux crustacés, aux insectes et aux myriapodes ; mais les arachnides ont d'autres membres qu'on nomme des palpes, parce qu'accompagnant la bouche ils paraissent destinés à palper et à goûter les aliments, tandis que les antennes sont seulement l'organe de l'odorat. Les palpes se rencontrent aussi dans les autres articulés. Les mâchoires, chez ceux qui en sont pourvus, sont toujours horizontales, et la trompe, chez les suceurs, se compose des mêmes parties, allongées et modifiées convenablement pour cette destination particulière.

Deuxième Promenade.

(22 février.)

INSECTES DES MAISONS. — CHASSE SOUS LES ÉCORCES.

Malgré ce qui a été dit contre les grandes collections, vous brûlez déjà du désir d'augmenter rapidement la vôtre : c'est bien ; j'ai éprouvé comme vous ce bonheur, et je voudrais encore être au temps où je me creusais la tête pour trouver le moyen de construire des boîtes, de me procurer du liége, des épingles et des livres, car j'étais pressé de faire connaissance avec mes prisonniers, et je me sentais tout fier quand je croyais avoir trouvé une espèce signalée comme très rare.

Nous avons impatiemment attendu la cessation des pluies pour faire notre seconde promenade : voilà enfin un peu de soleil; le vent a séché les routes, nous pourrons donc espérer déjà une récolte un peu plus riche. Mais voyons d'abord ce que vous avez trouvé à la maison.

INSECTES DES MAISONS. — *La Forbicine.* — Cet insecte si agile qu'on voit courir derrière les vieux meubles et les tapisseries, et qui, comme un petit poisson d'argent, glisse entre les doigts et s'échappe à l'instant où on croit le saisir, c'est la Forbicine ou le Lépisme (*lepisma saccharina*) ; on croit qu'elle a été apportée d'Amérique avec le sucre des colonies. Elle doit, ainsi que les podures, son brillant métallique à une couche de petites écailles arrangées comme les tuiles d'un toit ; elle a six pattes, deux antennes fort longues et trois longs filets à la queue. De même que les podures, elle ne porte jamais d'ailes, c'est pourquoi on appelle ces insectes des aptères, ce qui signifie *sans ailes* ; ils n'ont point de métamorphoses et portent des deux côtés du ventre des petits prolongements mobiles, comme de fausses pattes, qui les rattachent aux myriapodes.

La Bruche. — Les pois secs vous ont fourni en abondance ce petit insecte, la *Bruche des pois,* qu'on appelle vulgairement aussi le Cosson : il est long de deux lignes, brun avec des ondes grises, ses ailes sont couvertes par des étuis coriaces, ainsi que tout le reste de son armure ; c'est donc un coléoptère : mais il se distingue aisément des carabes que nous avons déjà vus ; ses antennes, plus courtes proportionnellement vont en grossissant, ses étuis sont plus courts que son dos, et l'extrémité des pattes, le tarse, n'a que quatre pièces mobiles nommées des articles, au lieu d'en avoir cinq. Ces bruches proviennent d'un œuf qui avait été déposé dans la cosse encore tendre du pois ; cet œuf est devenu une larve blanche sans pieds vivant aux dépens du pois qui lui sert de prison, puis se transformant en nymphe, età ia fin en cet insecte ailé qui sort de sa loge en soulevant avec la tête la petite porte ronde habilement ménagée par la larve. Celle-ci, comme vous voyez, en a rongé le contour de manière qu'elle cède facilement si elle est poussée de l'intérieur ; vous pouvez d'ailleurs retrouver dans ces pois encore fermés des nymphes, ou même des larves. Ces bruches eussent dû rester engourdies jusqu'au printemps et sortir alors pour se répandre sur les champs de pois : c'est la température plus douce dans la maison qui les a fait éclore.

La Vrillette. — Vous avez trouvé ce petit insecte dans les vieux pains à cacheter que sa larve a gâtés ; il n'a guère qu'une ligne de long, il est oblong, et quand il fait le mort pour échapper aux recherches de ses ennemis, on le prendrait pour un petit brin de balai ; il cache sa tête sous sa cuirasse et rapproche ses pieds sous son ventre : mais, qu'on le laisse tranquille, il va reprendre la vie, et vous pourrez voir ses antennes qui sont terminées par trois pièces ou articles plus gros formant presque une massue ; il est d'un brun rougeâtre et provient d'une petite larve en forme de ver-blanc avec la tête brune, écailleuse, et six petits pieds. On le nomme la Vrillette de la farine (*anobium paniceum*).

Ce nom de vrillette a été donné d'abord à une espèce très commune, la vrillette des tables (*anobium pertinax*), parce que sa larve perce d'un infinité de petits trous, ronds comme ceux d'une vrille, le bois sec des vieux meubles et la partie plus tendre, ou l'aubier des charpentes ; c'est elle qui fait tomber ces petits tas de poussière au-dessous des planches qu'elle attaque et qu'on dit alors être vermoulues ; l'insecte parfait est de même forme que notre vrillette de la farine, mais deux fois plus grand et d'une couleur plus terne ; il a donné lieu à bien des fables autrefois, car, pour appeler les animaux de son espèce, il frappe à coups redoublés sur le vieux bois de manière à former un bruit tout-à-fait semblable à celui d'une montre ; ce bruit, dont on ignorait la cause, était un objet d'effroi, on l'appelait *l'horloge de la mort* ; mais il a suffi qu'un naturaliste cherchât à pénétrer ce mystère pour arriver à reconnaître cette vrillette occupée à faire son petit manége.

Cet autre insecte aussi petit qui vit aussi dans la farine vieille et dans les débris de pain à cacheter, c'est un Ptinus (*ptinus fur*) ; il se distingue par ses antennes beaucoup plus longues et plus minces, il a aussi l'habitude de faire le mort quand on le veut prendre.

Le Charançon du blé. — Vous avez eu également le petit Charançon (*calandra granaria*), qui fait de si grands dégâts dans les magasins de blé ; c'est encore un coléoptère long d'une ligne et demie, mais il est remarquable par sa tête prolongée en une trompe à l'extrémité de laquelle sont ses mâchoires. C'est à l'aide de cette sorte de trompe qu'il perce les grains de blé pour s'en nourrir ou pour y déposer ses œufs.

Il est encore à moitié engourdi par le froid : ce n'est même que dans un ou deux mois qu'il se montre en abondance et recommence ses ravages ; il se tient caché pendant l'hiver entre les fentes des planchers. Quand vient le temps de sa ponte, il insère séparément dans un petit trou pratiqué à la surface du grain de blé chacun de ses œufs que nous verrions déjà s'ils n'étaient pas si petits ; ils écloront seulement quand la température sera au-dessus de douze degrés. La larve qui provient de cet œuf est un petit ver-blanc sans pieds, à tête jaunâtre écailleuse ; elle s'enfonce dans l'intérieur du grain, qui lui fournit à la fois le vivre et le couvert ; et, agrandissant sans cesse son habitation, elle ne laisse plus qu'une pellicule légère de son ; aussi peut-on tout d'abord reconnaître à leur légèreté les grains ainsi attaqués. Vous n'avez qu'à jeter dans l'eau une poignée de ce blé, tous les grains qui surnagent sont nécessairement attaqués; ouvrons-en quelques uns : voici des larves engourdies par le froid, elles ont acquis presque toute leur grosseur et devront se transformer promptement en nymphes quand il fera plus chaud; voici même dans cet autre grain une nymphe transformée avant l'hiver : elle est blanche, comme toutes celles des coléoptères, et montre déjà la trompe et les antennes de l'insecte.

Le charançon est malheureusement trop connu des agriculteurs et des boulangers, qui dans certains cantons le nomment *calandre*. Ce nom désigne plusieurs espèces analogues, et notamment, malgré la différence de taille, le charançon (*calan-*

dra palmarum) dont la larve , comme nous avons dit, est appelée aux Antilles le ver-palmiste. Quand le petit charançon du blé s'est introduit dans un grenier, il s'y multiplie avec une si effrayante rapidité, qu'on avait cru jadis qu'il se produisait spontanément dans les tas de blé échauffé. Mais aujourd'hui on sait que cet insecte, comme tous les autres, ne se produit pas autrement que par des œufs d'où sortent des larves ; on a donc relégué au nombre des fables les récits suivant lesquels les mouches naîtraient de la pourriture, les chenilles ou les pucerons des brouillards, et les abeilles du corps d'un taureau mort, quoique ce dernier prodige ait été célébré dans les *Géorgiques* de Virgile. On s'explique d'ailleurs aisément la rapide multiplication des charançons, en considérant qu'il ne s'écoule pas plus de quarante ou quarante-cinq jours entre la ponte d'un œuf et le terme de la vie du charançon qui en est sorti ; de sorte qu'il se fait dans le cours d'une année plusieurs générations de cet insecte. On a même calculé que depuis le 15 avril jusqu'au 15 septembre, la ponte d'un seul charançon a pu produire six mille quarante-cinq insectes. Aussi les magasins où ils ont pénétré sont promptement ruinés, si l'on ne prend la précaution de s'opposer à la multiplication de ces insectes. Le meilleur moyen à cet effet consiste à remuer souvent le grain ; les charançons alors prennent la fuite et vont se cacher dans les murs et dans les planchers, où ils mourraient affamés si le mouvement continuait toujours ; mais aussitôt que le calme est rétabli, ils reviennent attirés par la faim, et recommencent leurs ravages. On a donc proposé de laisser, sans le remuer, un petit tas de blé où viennent se réfugier tous ceux qui par l'agitation sont chassés des autres tas. Il suffit alors, pour les tuer tous à la fois, d'arroser d'eau bouillante ce petit tas ; que l'on fait sécher ensuite, et que l'on passe au crible pour séparer les charançons morts. Comme on a remarqué aussi que la chaleur favorise leur développement, on a employé avec succès un refroidissement artificiel au moyen d'un ventilateur, pour retarder leurs ravages.

Les Teignes du blé.—D'autres insectes aussi attaquent le blé dans les greniers; ce sont surtout deux espèces de teignes analogues à celles qui rongent les étoffes de laine, et qui sont revêtues d'un tuyau fabriqué avec les poils de l'étoffe. Des deux teignes du blé, l'une, la teigne des grains (*tinea granella*), quand elle est à l'état de chenille, lie plusieurs grains de blé avec des fils, et se forme au milieu un petit tuyau de soie d'où elle sort en partie pour les ronger ; elle est ainsi à l'abri des secousses et de l'agitation qui font fuir les charançons. L'autre, qui est la teigne des blés (*œcophora cerealella*), s'introduit dans un grain et le ronge à l'intérieur à la manière de la larve du charançon. Vous n'aurez qu'à mettre dans de petits bocaux de verre un peu de ce blé attaqué par les teignes pour voir éclore au printemps leurs petits papillons. Le premier, d'une couleur cendrée avec des taches brunes, est long de cinq à six lignes, avec les ailes très rapprochées et enveloppant presque le corps. La teigne des blés est plus petite et toute de couleur café au lait ; ses ailes, quoique très rapprochées, sont presque horizontales.

La farine est attaquée aussi par divers insectes. On y trouve la chenille d'une teigne particulière (*aglossa farinalis*), qui a les ailes jaunâtres au milieu avec une tache rougeâtre à la base et une autre près du bord, accompagnées l'une et l'autre d'une ligne blanche, et qui n'a pas de trompe. On y voit souvent aussi le ver de la farine, qui sert à nourrir les rossignols et qui se transforme en un insecte coléoptère noir, allongé, le Ténébrion Meunier (*tenebrio molitor*), ainsi nommé à cause de son séjour habituel chez les boulangers et les meuniers ; vous ne devrez donc pas être surpris de trouver quelquefois cet insecte dans le pain. Le petit insecte à antennes allongées (*ptinus fur*), que vous avez trouvé dans les vieux pains à cacheter, fait souvent beaucoup de dégâts dans les magasins de farine, lorsqu'il est encore à l'état de larve. C'est alors un petit ver blanc qui creuse dans la farine des canaux ou des galeries tapissées de soie.

Les Mites. — Enfin, dans la vieille farine que vous avez rapportée, nous allons voir avec la loupe des Mites (*acarus farinæ*), petits animaux presque imperceptibles et qu'on a regardés long-temps comme le dernier terme de la grosseur parmi les êtres vivants. Cette autre mite (*acarus siro*), qui vit en abondance sur la croûte des vieux fromages secs, tels que ceux de Gruyère et de Hollande, était nommée autrefois le ciron, et servait de terme de comparaison pour exprimer ce qu'il y a de plus petit dans le monde. Notre loupe la plus forte nous fait voir que ces mites ont le corps arrondi, blanc, mou et muni de huit pattes; quelques unes pourtant n'en ont que six, ce sont les plus jeunes. Pour bien distinguer tous les détails de forme de ces petits animaux il nous faudra le microscope, qui nous fera connaître aussi d'autres animaux plus petits encore.

LA CHASSE SOUS LES ÉCORCES. — Allons

maintenant explorer les écorces des arbres de la grande route ; c'est là que doit se faire en grande partie notre récolte d'hiver. Soulevons avec notre ciseau ou même avec la pointe d'une serpette les plaques externes déjà à moitié détachées de l'écorce de cet orme ; nous avons là dans les fissures et les interstices beaucoup de petits insectes.

Le Dromius. — Celui qui fuit avec vitesse c'est un Dromius (*dromius quadrimaculatus*), dont le nom veut dire *coureur* en grec ; il est reconnaissable à sa forme svelte et aux quatre taches jaunâtres qui se détachent sur le brun luisant de ses étuis ou élytres. Cet autre, beaucoup plus petit, mais coloré de même, est le dromius quadrinotatus. La différence de taille ne doit jamais être prise chez les insectes à métamorphoses pour une différence d'âge ; car ils ont pris tout leur accroissement sous leur forme de larve, et n'ont plus du tout à grandir quand ils sont arrivés à l'état d'insecte parfait. Ces dromius, comme les lébies que vous trouverez plus rarement sous les écorces, ont les élytres ou étuis trop courts pour couvrir tout leur dos ; ils formeront donc dans la famille des carabes une section particulière, celle des étuis tronqués. Leur forme aplatie indique leur genre de vie sous les écorces. Vous retrouverez ce caractère chez les nitidules (*nitidula varia*), petits insectes en forme de boucliers, ovales, d'un brun terne, nuancés de gris jaunâtre, qu'on trouve sous les mêmes écorces et plus sûrement encore sous les plaques minces de l'écorce des platanes.

La Galéruque.— Cet insecte coléoptère, long de deux à trois lignes, gris jaunâtre, avec une bande noirâtre sur chaque étui, c'est la Galéruque de l'orme (*galeruca calmariensis*), que Linné avait ainsi nommée en latin parce qu'il l'avait trouvée en abondance près de Calmar. Ses antennes sont noires ainsi que le dessous du corps; ses pattes sont d'un jaune obscur, et vous pouvez remarquer que les petites pièces ou les articles du tarse qui les termine sont au nombre de quatre, comme dans la bruche du pois, dans les capricornes et dans beaucoup d'autres insectes coléoptères dont on forme une grande section, nommée celle des tétramères, ce qui veut dire en grec à quatre parties; tandis que les carabes, les dromius, les vrillettes, etc., font partie de la section des pentamères, comme ayant leurs tarses composés de cinq petites pièces ou articles. Notre galéruque à l'état de larve est noirâtre, assez agile, munie de six pattes, d'une double paire de mâchoires et de deux pe-

tites antennes composées de trois articles seulement, comme celles de toutes les larves de coléoptères, tandis que celles des insectes parfaits
en ont neuf, dix ou onze.

Les Coccinelles. — Vous avez là deux espèces de Coccinelles qui ont également survécu
au froid. Celle-ci, rouge avec deux points
noirs, est la coccinelle à deux points (*coccinella bipunctata*); celle-là, noire avec deux
taches rouges, est la coccinelle bipustulée
(*coccinella bipustulata*). Quand le printemps
sera venu, nous trouverons beaucoup d'autres
espèces de coccinelles qui toutes ont cette
forme hémisphérique, avec des étuis polis, vivement colorés. Ce sont de petits coléoptères
fort jolis et que les enfants nomment les bêtes
du bon Dieu, les vaches à Dieu, ou les petits
chevaux du bon Dieu. Celles-ci n'ont guère que
deux lignes de long; mais la coccinelle à sept
points, si commune en été, est presque deux
fois plus grosse; elles tiennent leurs antennes
et leurs pieds rapprochés contre le corps, qui
est tout noir en dessous. Réchauffons-les un peu
dans notre main, nous les verrons commencer à
se mouvoir; elles avancent alors leurs palpes terminés par un article en forme de hache, et qui
sont bien plus longs et plus apparents que les

antennes ; celles-ci, terminées en massue, sont ordinairement cachées sur les côtés. Examinez les pieds, vous ne pourrez distinguer aux tarses que trois articles ; aussi les coccinelles forment-elles parmi les coléoptères une section particulière, celle des trimères.

Le Pollyxène. — Voilà des araignées dans leur prison de soie, des mites brunâtres presque imperceptibles, des cloportes de plusieurs espèces, et parmi eux un petit insecte bien curieux, et qu'au premier coup d'œil on aurait pris pour un très jeune cloporte. On le nomme Pollyxène (*pollyxenus lagurus*) ; il a douze paires de pattes correspondant à autant de segments ou demi-anneaux ; il porte de chaque côté une rangée de petites aigrettes formées d'écailles frisées, argentines, et son corps est terminé par un pinceau de semblables écailles plus longues. C'est donc un insecte de la classe des myriapodes comme les scolopendres ; aussi le nommait-on autrefois la scolopendre à pinceau.

Le Mycétophage. — Nos coccinelles se sont trouvées entre les écorces de l'orme, parce que de même que leurs larves elles vivent aux dépens des pucerons qui abondent sur cet arbre. Visitons cet orme abattu, nous allons trouver d'autres insectes qui vivent aux dépens de l'arbre lui-même ou de ses productions. Ce coléoptère, grand comme la galéruque de l'orme, mais plus étroit et plus bombé, se nomme Mycétophage à quatre taches. Son nom veut dire en grec mangeur de champignons, et en effet, à l'état de larve, il a vécu dans les champignons coriaces qu'on nomme des bolets, et dont on voit encore des débris sur les grosses branches. Il est, comme vous voyez, noirâtre, avec quatre points rougeâtres sur les étuis; ses antennes sont courtes, renflées en massue, et ses tarses n'ont que quatre articles minces.

Le Scolyte. — Il en est de même chez cet autre insecte brun luisant, long d'une ligne et demie, cylindrique, épais, qui semble avoir été raccourci et coupé obliquement en dessous; ses étuis n'ont pas la longueur de la moitié du corps; c'est le scolyte destructeur (*scolytus destructor*), un des insectes qui font le plus de tort aux arbres. Vous n'avez là sous l'écorce du tronc que des insectes morts ou engourdis par le froid; mais levons l'écorce d'une moyenne branche. — Voilà précisément toute une famille de larves; elles proviennent de la ponte d'un seul scolyte qui a percé l'écorce en cet endroit pour déposer ses œufs sur l'aubier même, c'est-à-dire sur la couche la plus nouvelle et la plus tendre du bois, à l'extrémité d'une galerie dont par une admirable prévoyance il ferme l'entrée par son propre corps en expirant. Les larves se sont éloignées peu à peu du lieu de leur naissance en creusant ces innombrables galeries qu'elles élargissent à mesure qu'elles grossissent, et qui vont en divergeant comme les rayons partis d'un même point ; il en résulte à la surface des branches écorcées des dessins délicats et variés que l'on croirait être l'œuvre d'un ouvrier patient et ingénieux , lorsqu'on voit de telles branches employées pour faire des manches de pioche. Les dégâts causés par ces larves de scolytes sont quelquefois si grands, que tout récemment dans la forêt de Vincennes on fut obligé d'abattre cinquante mille pieds de chênes attaqués par elles. Les scolytes ne sont pourtant pas les seuls insectes qui rongent ainsi le bois vivant ; nous avons déjà trouvé des larves de longicornes, et nous trouverons encore beaucoup d'autres insectes coléoptères qui, analogues aux scolytes et aux mycétophages par la forme de leurs pattes et de leurs antennes , composent avec eux la famille des xylophages (du grec *xylon*, bois , et *phagô* , je mange) .

L'Anthribe. — Ce petit coléoptère, aux formes

ramassées, aux étuis durs, raboteux, combien il est joli quand on l'observe à la loupe. Sur un fond rouge foncé on voit des rangées de points en creux et d'autres rangées de points noirs en relief, séparés par des taches grisâtres symétriques. Il est long d'une ligne et demie. On le nomme l'Anthribe marbré (*anthribus scabrosus*). Ses antennes sont renflées en massue, et ses tarses n'ont que quatre articles. Par la forme de ces parties et par l'allongement du museau, il se rapproche de la bruche du pois et fait également partie de la famille des charançons. Nous le trouvons sous ces écorces parce que sa larve a vécu parasite dans la cochenille de l'orme; ce dernier insecte est des plus singuliers : sans changer de place il suce la sève de cet arbre, puis pendant l'arrière-saison il se remplit d'œufs et devient une coque brunâtre destinée à servir d'abri à une nouvelle génération de cochenilles. On voit souvent des rameaux d'orme tellement chargés de grosses cochenilles ainsi gonflées, qu'on les prendrait pour des grappes de fruits.

LES NIDS DE CHENILLE. — *Les nids en pendeloque du Gazé.* — Avançons à travers les champs : vous remarquez ces feuilles repliées et suspendues comme des pendeloques par un fil de soie, ce sont des nids préparés avant l'hiver par des chenilles que nous y trouvons vivantes quoique engourdies. Elles sont encore très petites, et je ne vous engagerai pas à les emporter à la maison, car, trompées par la température des appartements, elles auraient bientôt recouvré le mouvement et l'appétit; et comme vous ne pourriez leur fournir des feuilles d'aubépine ou de prunier, elles mourraient de faim. Elles sont velues, noirâtres sur le dos, grises sur les côtés avec deux raies de poils roux le long du dos; leur chrysalide est jaune, tachetée et ponctuée de noir, elle s'attache par le milieu du corps comme celle du papillon du chou, et il en sort un papillon veiné de noir qu'on nomme le Gazé (*pieris cratægi*). Il paraît difficile de concevoir d'abord comment ces petites chenilles ont pu suspendre ainsi leur nid : elles n'en ont pas eu l'intention assurément, elles n'ont fait qu'obéir à l'instinct que leur a donné la nature. A l'approche des froids ces chenilles lient entre elles quelques feuilles avec leurs fils de soie et se composent une petite habitation commune, d'où elles sortent encore quand la température est plus douce, pour y rentrer le soir; mais à chacune de leurs excursions, elles appliquent tout le long de leur trajet un fil de soie qui les guide pour retrouver leur route. Quand les chenilles ont ainsi passé et repassé bien des fois sur la branche qui porte le nid, le chemin est tapissé d'une couche de soie. Lors donc que l'aquilon aura desséché et emporté toutes les feuilles, le nid seul restera suspendu par une bandelette; puis, par l'action répétée du vent et de la pluie, cette bandelette de soie se tordra de plus en plus, et finira par ressembler à un fil à coudre, entortillé autour de la branche, comme si une main amie fût venue suspendre solidement ce petit berceau.

Les nids de queue d'or. — Voilà bien encore d'autres nids de chenilles qui ne sont que trop connus des agriculteurs, dont ils font quelquefois le désespoir. Presque tous les arbres fruitiers, comme les haies et les ormeaux de la route, en sont garnis; et si l'administration, par des ordonnances sur l'échenillage, n'en prescrivait la destruction, tout le feuillage serait dévoré à mesure qu'il pousserait. Chacun de ces nids renferme toute une légion de chenilles presque imperceptibles et qui n'attendent que le beau temps pour se développer rapidement, et se transformer en un papillon nocturne blanc (*bombyx chrysorrhea*). Ces nids irréguliers, anguleux, formés de toiles blanches si fortes, si serrées, qu'on les prendrait pour des chiffons de papier blanc collés par la pluie à l'extrémité des branches, sont pourtant l'œuvre de ces petits animaux : on a peine à concevoir comment ils ont pu fournir tant de soie pour former la triple tenture sous laquelle ils bravent l'humidité, le seul fléau qu'ils aient à redouter, car voyez, il n'y en a pas une de morte malgré le froid rigoureux de cet hiver. On a même démontré par des expériences que la plupart des chenilles peuvent résister à un froid de 15 à 17 degrés.

Troisième Promenade.

(16 MARS.)

LE MICROSCOPE. — ORGANES EXTERNES DES INSECTES. — DIVISION DES ANIMAUX ARTICULÉS. — PREMIER ARBRE FLEURI.

Votre zèle s'est encore accru, vous avez récolté des insectes dans les magasins, dans les greniers, sous les écorces, sous les pierres. Il vous a fallu préparer des boîtes, et vous avez rangé de votre mieux vos espèces, assez nombreuses pour qu'il soit déjà nécessaire d'établir des divisions méthodiques, en étudiant les organes extérieurs des insectes.

LE MICROSCOPE. — La loupe qui nous a servi jusqu'à présent, donne seulement des grossissements de six à dix fois ; il nous faut maintenant recourir à l'usage du microscope pour voir les plus petits insectes, leurs trompes, leurs mâ-

choires, leurs pattes, etc., avec un grossissement
de vingt à cent fois (1). Le microscope simple,
dont nous nous servirons, n'est pas autre chose
qu'une loupe très forte soutenue par un support
auquel est fixée, de manière à pouvoir s'approcher
ou s'éloigner, la plaque nommée le porte-objet,
sur laquelle on dispose les insectes à observer,
en les éclairant par-dessus ou par-dessous au
moyen d'un miroir concave. Un tel instrument
pourrait donc être fait à peu de frais ; il suffirait
d'établir solidement sur un pied de bois épais
ou sur une boîte pesante, une tige verticale portant au sommet une petite pièce horizontale en
potence percée d'un trou pour recevoir les loupes;
le porte-objet serait fixé à une virole ou à une
boîte en cuivre ajustée pour glisser le long de la
tige et arrêtée par une vis de pression, si l'on
n'avait pas une vis ou une crémaillère à pignon
pour la faire monter et descendre. Un miroir
mobile dans tous les sens, serait adapté à la boîte
même au-dessous du porte-objet. Beaucoup d'ob-
servateurs très illustres ont ainsi organisé eux-

(1) On peut avoir un microscope simple avec sa
boîte et plusieurs loupes pour trente francs ; mais un
bon instrument de ce genre doit coûter au moins
soixante ou quatre-vingts francs.

mêmes l'instrument auquel sont dues leurs plus belles découvertes.

Une condition essentielle, c'est que le porte-objet une fois fixé à la hauteur convenable soit solide et non susceptible de vaciller ; il doit porter par-dessous une plaque percée de trous de différentes grandeurs, de telle sorte qu'on puisse amener l'un ou l'autre exactement à l'aplomb de la loupe, afin de régler la quantité de lumière réfléchie par le miroir et de ménager la vue, en même temps qu'on rend les contours de l'objet plus faciles à saisir. Un autre moyen de ménager la vue consiste à se servir de loupes enchâssées dans une rondelle concave et noircie : de cette manière l'œil n'est point offusqué par les rayons arrivant des objets voisins.

Avec un assortiment de loupes, depuis six ou huit lignes de foyer jusqu'à une ligne ou une demi-ligne de foyer, on s'accoutume facilement à observer les objets les plus délicats, parce qu'on a soin de commencer par un grossissement faible pour passer graduellement au grossissement le plus fort qui, pour la loupe d'une demi-ligne, est de cent-vingt à cent cinquante fois le diamètre.

Pour examiner commodément une partie quelconque d'un insecte, on la détache de cet in-

secte avec la pointe d'une aiguille emmanchée,
et on la place avec un peu d'eau sur une lame
de verre ; on la recouvre même souvent aussi
d'une seconde lame qui permet de la comprimer
pour l'étaler et la développer.

ORGANES EXTERNES DES INSECTES. — Maintenant que nous pouvons, sans être arrêtés par
l'extrême petitesse des insectes, vérifier en dé-
tail leur structure, voyons de quelles parties ils
se composent :

Les pieds des insectes. — Je vous ai dit que
tous les animaux articulés sont formés d'une
suite d'anneaux susceptibles de porter chacun
une paire de pieds, et que ces pieds sont eux-
mêmes formés de plusieurs pièces creuses articulées ou mobiles les unes sur les autres. Le
premier article, celui qui tient au corps, se
nomme la *hanche*, le second est la *cuisse*, le
troisième est la *jambe,* tous les autres ordinairement très courts composent ensemble le *tarse*;
ainsi le tarse est formé d'un, de deux, de trois,
ou d'un plus grand nombre d'articles, et nous
avons déjà vu que de cette différence il est ré-
sulté un caractère fort commode pour partager
les coléoptères en plusieurs sections. Les *pentamères*, comme les carabes, ont cinq articles
aux tarses ; les *tétramères,* comme la bruche,

l'anthribe et le scolyte, en ont quatre; les *tri-méres*, comme les coccinelles, en ont trois; et enfin les *hétéroméres*, comme le ténébrion et la cantharide, en ont cinq aux quatre pieds de devant et quatre seulement aux pieds de derrière.

Les yeux des insectes. — Les yeux, chez tous les animaux articulés, sont de deux sortes et se trouvent, soit séparément, soit réunis, chez diverses espèces : quelquefois ils manquent tout-à-fait. Les uns ressemblent à de petites perles parfaitement unies : tels sont les yeux des araignées, et ceux qu'on nomme les yeux lisses ou les stemmates chez les mouches, les abeilles, les punaises; les autres, qu'on nomme yeux en réseau, sont formés d'une infinité de petites facettes formant chacun un œil particulier. Ces yeux en réseau se trouvent seuls chez les écrevisses et les insectes coléoptères; chez beaucoup d'autres insectes ils sont associés aux yeux lisses.

La bouche des insectes. — Chez tous les animaux articulés, qu'on appelle broyeurs, les mâchoires, au nombre de deux ou plusieurs paires, sont, comme je vous l'ai dit, placées horizontalement; la première paire, celle de devant ou de dessus, se nomme toujours *mandibules* : les autres sont les mâchoires. En avant, la bouche est ordinairement munie d'une sorte de lèvre qu'on nomme le *labre*, et l'on conserve le nom de lèvre pour la pièce qui complète la bouche en dessous ou en arrière.

Les Antennes. — Les *antennes*, qui sont, comme nous avons dit, les cornes mobiles et articulées des insectes et des crustacés, présentent les plus grandes différences de composition : chez les écrevisses, comme chez les grillons et les sauterelles, elles sont formées de plus de cent petites pièces ou articles qui vont en diminuant. Chez les coléoptères on compte de neuf à onze articles de formes très variées ; tantôt effilés, et de plus en plus minces comme chez les capricornes (*antenne sétacée*), tantôt égaux et formant un fil ou un chapelet (*antenne filiforme et moniliforme*) ; ou bien de plus en plus gros, de sorte que l'antenne est renflée en massue comme chez le scolyte ; quelquefois très inégaux en longueur, ce qui fait l'antenne brisée ; ou enfin élargies et prolongées d'un seul côté et donnant à l'antenne la forme d'un peigne ou d'un éventail. Les antennes des diverses espèces de punaises n'ont que quatre ou cinq articles ; celles de beaucoup de mouches à deux ailes n'en ont que trois.

Les *palpes*, ces filamens ou barbillons dont la bouche est garnie, et qu'on nommait autrefois les *antennules*, ne présentent guère que de trois à six articles; ils sont de deux sortes : les uns partent du dos des mâchoires, ce sont les palpes maxillaires; les autres sont attachés à la lèvre, on les nomme palpes labiaux.

DIVISIONS DES ANIMAUX ARTICULÉS. — *Les Crustacés.* — Les crustacés qui forment, avons-nous dit, une classe particulière des animaux articulés, distinguée par le nombre de ses pieds, et par l'absence de métamorphoses, ont d'autres caractères fort importans, tels que leur mode de respiration par des branchies et la circulation de leur sang; ils ont ordinairement quatre antennes, deux paires de mâchoires, sans compter les mandibules, et de plus trois paires de pieds mâchoires; mais les quatre derniers pieds mâchoires devenant chez beaucoup d'espèces de vrais pieds, à ajouter aux dix pieds qui caractérisent les crustacés, il en résulte ce nombre de quatorze que vous avez compté chez les cloportes. Chez aucun d'eux, il n'y a de lèvre inférieure, la bouche est fermée par une paire de pieds mâchoires convenablement élargis à cet effet.

Les Arachnides.—Les arachnides, qui composent une seconde classe des animaux articulés, sont, comme les crustacés, dépourvues d'ailes ; elles vivent plusieurs années, font plusieurs pontes, et ne subissent pas de métamorphoses. Leur corps n'est formé que d'une seule ou de deux pièces, et rarement il est distinctement articulé ; la tête est confondue avec la partie du corps qui porte les pattes au nombre de huit ; elle présente, à la place des antennes, deux pièces articulées en forme de petites serres à un ou deux doigts , servant à saisir les aliments et jouant presque le rôle des mandibules chez les insectes , mais se mouvant de haut en bas et non latéralement. En arrière se trouve une paire de mâchoires prolongées par de petits pieds ou palpes différant des autres pieds, parce qu'ils sont plus courts et ne portent qu'un seul crochet à l'extrémité au lieu de deux.

Les arachnides se divisent en deux ordres suivant leur manière de respirer l'air, soit dans de petits sacs garnis de feuillets nombreux qu'on a comparés à des poumons, soit dans des trachées, sortes de petits tubes ramifiés comme en ont aussi les insectes.

Les arachnides pulmonaires ou à poumons, comprenant les araignées et les scorpions, ont six à huit yeux sur le front ou sur le dos, et respirent par deux, quatre ou huit ouvertures en forme de boutonnières placées sous le ventre et nommées *stigmates*. Les Araignées trachéennes ou à trachées comprennent les faux scorpions, comme la Pince, les Faucheurs et les Mittes.

Les Mille-pieds.—Les *Myriapodes* ou *Mille-Pieds* qui doivent former une classe particulière, ont tous plus de vingt-quatre pieds, du moins quand ils ont atteint le terme de leur développement, car la plupart n'en ont que six en naissant. Leur corps est composé d'une suite d'anneaux, le plus souvent égaux, et portant chacun, à l'exception des premiers, deux paires de pieds ; ou bien les anneaux, se trouvant divisés en deux, chaque moitié porte une paire de pieds. Leur bouche présente une paire de mandibules formées de deux pièces, puis une sorte de lèvre divisée en quatre petits pieds articulés et deux paires de petits pieds qui paraissent remplacer les mâchoires des crustacés. Leur tête porte deux antennes formées d'articles presque égaux et des yeux qui résultent de l'agrégation d'un grand nombre d'yeux lisses, ou bien qui forment le passage aux yeux à facettes.

<table><tr><td>I.</td><td>5</td></tr></table>

Les vrais insectes. — Les *insectes* proprement dits, quelle que soit la diversité de leurs formes, ont tous six pieds, une tête distincte qui porte deux antennes, les yeux et la bouche. Le reste du corps, formé de huit à douze anneaux ou segments, est partagé en deux portions principales, le tronc ou *thorax* en avant, formé de trois anneaux et portant les pattes et les ailes quand elles existent, et l'abdomen en arrière souvent séparé par un étranglement et ne montrant qu'un petit nombre des anneaux dont il est essentiellement composé, les autres étant cachés par les premiers.

Caractères des insectes.-*Insectes broyeurs.* La bouche, dans les insectes broyeurs, se compose de deux *mandibules,* deux mâchoires portant les palpes maxillaires, un labre ou lèvre supérieure, et une lèvre inférieure formée d'une pièce plus solide, le menton, et terminée par une pièce plus mince, la languette, et le plus souvent en outre par les palpes labiaux.

Insectes suceurs. — Dans les insectes suceurs, la trompe présente deux modifications principales : chez les punaises, comme la Pyrrhocoris, par exemple, et chez le Cousin, les mandibules et les mâchoires sont remplacées par de petites lames en forme de soies ou de lancettes com·

posant par leur réunion une sorte de suçoir contenu dans une gaîne qui provient de l'allongement de la lèvre. Cette même gaîne, chez les mouches, est soudée en un tuyau charnu terminé par deux sortes de lèvres. Chez les papillons, au contraire, les mandibules, le labre et la lèvre ont presque disparu ; à la place de celle-ci, on ne voit que les palpes ; les mâchoires, devenues très longues, forment deux filets creusés en gouttière qui, se réunissant par leurs bords, forment une espèce de trompe pour conduire les aliments et se roulent en spirale pendant le repos.

Le Thorax et le Corselet. — Le tronc ou thorax des insectes est formé de trois segments ou anneaux, le *prothorax* en avant, le *mésothorax* au milieu, et le *métathorax* en arrière. Ces trois segments sont plus ou moins distincts dans les divers ordres d'insectes, et souvent on ne les reconnaît que parce qu'à chacun correspond une des trois paires de pieds ; l'un d'eux, beaucoup plus volumineux, peut paraître constituer seul le thorax : la surface inférieure du thorax est la poitrine, et la ligne médiane qui se montre quelquefois prolongée en avant ou en arrière se nomme le *sternum.*

Le prothorax, chez les coléoptères, est le

plus grand des trois segments du thorax et presque le seul qu'on aperçoive d'abord ; il est recou-
vert en dessus d'une écaille forte qui s'ajuste
exactement avec la tête en avant, et avec la base
des étuis en arrière ; on le nomme particulièrement, dans ce cas, le *corselet*, à cause de la
ressemblance qu'il présente avec une partie de
l'armure des hommes d'armes du moyen âge.
Le prothorax, au contraire, dans les abeilles et
les papillons, est le plus court des trois segments, et ne forme plus qu'un collier ou un rebord portant la première paire de pattes.

Le mésothorax porte en dessous la seconde
paire de pattes et en dessus une paire d'ailes
chez les insectes ailés, ou les étuis chez les
coléoptères ; il présente souvent au milieu du
dos une pièce triangulaire nommée l'*écusson*, et
qui fournit un caractère distinctif.

Le métathorax porte en dessous la dernière
paire de pattes et en dessus une paire d'ailes,
chez les insectes ailés[1], excepté chez les insectes à deux ailes qui ont sur cette pièce
du thorax seulement deux petits balanciers.

Excursion dans les bois. — *Préparatifs.*
— Si nous voulons recueillir sur les saules
et les noisetiers fleuris les insectes empressés de pomper le suc de ces premières fleurs,

dirigeons notre course vers le bois le plus voisin, nous emporterons une nappe et nous l'étendrons sous les arbres que nous secouerons pour abattre à la fois tous ces insectes à moitié engourdis. Nos récoltes jusqu'ici ont été peu abondantes et nous n'avons pas été embarrassés pour les transporter ; mais désormais il nous faudra plus de soin. Emportez une boîte garnie de liége, ou, tout au moins, ayez, comme moi, une plaque de liége logée dans votre chapeau pour y piquer de suite les insectes les plus précieux ; puis, pour les autres que vous pourrez piquer seulement au retour, ayez un flacon bouché contenant quelques rognures de papier humectées avec de l'éther ou de l'essence de térébenthine pour engourdir ou asphyxier les insectes que vous y mettrez et les empêcher de se manger les uns les autres. Ayez quelques petites boîtes de carton pour apporter des chenilles ou des chrysalides. Prenez aussi la précaution de piquer vos épingles par ordre de grosseur sur les quatre côtés d'une petite pelote carrée, afin de ne pas perdre votre temps à les chercher. Enfin, emportez une bruxelle, sorte de petite pince qui sert à enfoncer dans le liége les épingles les plus fines sans les courber et sans gâter avec les doigts les insectes déjà placés.

5*

Les Hémiptères.—Chemin faisant, nous pouvons lever quelques écorces : voici les dromius, les coccinelles, les nitidules , etc., que nous avions déjà, mais avec eux sont d'autres espèces que dans la collection nous aurons soin de placer auprès des premières. Recueillez ces petits insectes plats, brunâtres, tachetés de noir : leur forme se rapproche beaucoup de celle de nos Pyrrhocoris; comme elles ce sont des punaises reconnaissables à leur trompe mince et à leurs antennes de quatre articles ; mais de plus elles ont une double paire d'ailes dont les supérieures ressemblent aux élytres de nos coléoptères, avec cette différence qu'elles sont plus claires et demi-transparentes à l'extrémité; les ailes de dessous servant seules au vol, sont droites au lieu d'être repliées comme celles de la coccinelle et des autres coléoptères. Tous ces caractères ont nécessité l'établissement d'un ordre particulier pour nos petits insectes à trompe : c'est l'ordre des *hémip-tères,* dont le nom signifie que leurs étuis sont des demi-ailes.

Le Cossus ronge-bois. — Approchons-nous des bûcherons qui abattent ces vieux saules et les mettent en quartiers. — Dans ces grands trous où l'on passerait le doigt, nous voyons une chenille rougeâtre avec des bandes transversales d'un rouge de sang; elle vit souvent aux dépens des arbres vivants et leur fait beaucoup de tort; le papillon qui en provient a plus d'un pouce de long, il est gris avec une foule de petites lignes noires formant des veines entremêlées de blanc sur les ailes supérieures et une ligne noire à l'extrémité du thorax. Dans ce tronc qu'on vient de fendre, voilà une chrysalide : emportons-la dans de là sciure de bois, elle nous donnera certainement le papillon d'ici à quelques mois ; remarquez comment elle s'était fait une coque avec les débris du bois en les liant par de la soie, et comment elle est garnie de petites épines au bord de tous les anneaux de l'abdomen. Ce papillon nocturne a été nommé le Cossus ronge-bois (*cossus ligniperda*), parce qu'on a cru que cette chenille, malgré sa mauvaise odeur, était le ver mangé avec délices du temps des Romains.

Le bouclier à quatre points. — Ces touffes de mousse au pied des arbres vous promettent toujours quelques insectes ; soulevez-les : voilà précisément le Bouclier à quatre points (*silpha quadripunctata*) ; il est carnassier et vit de chenilles sur les arbres ou d'insectes morts. Comme beaucoup d'autres insectes nommés comme lui Boucliers à cause de la forme de leur corselet élargi, et recouvrant en partie la tête, celui-ci est distingué par les quatre points noirs placés en carré sur ses élytres jaunâtres; son corselet est jaune fauve, avec une grande tache noire au milieu; la tête, l'écusson, les pattes et le reste du corps sont noirs; il est long de six et large de trois lignes, ses antennes sont formées d'articles ronds et vont en grossissant vers l'extrémité, ses tarses ont cinq articles : c'est donc un insecte coléoptère de la section des pentamères.

La Philoscie. — Secouons encore d'autres mousses sur notre nappe; voilà une sorte de cloporte rougeâtre qu'on nomme Philoscie des mousses, parce qu'elle ne se trouve que là. Elle diffère des vrais cloportes parce que ses antennes ne sont pas recouvertes à leur base par un prolongement du front et parce que les quatre filets postérieurs sont presque égaux. Voilà encore un insecte qu'à son allure dégagée vous reconnaissez pour un Carabe; cette famille est si nombreuse qu'il faudra en avoir rassemblé un grand nombre avant de songer à les bien distinguer entre eux. Regardez ces podures qui sautillent, ces hémiptères différant tous de ceux que nous avons déjà, ces petits myriapodes que l'on nomme des Iules, et ces petites coquilles de bulimes, de maillots, d'hélices, etc., que nous ne devons pas négliger d'emporter pour nous en occuper dans l'occasion.

Le Dytique. — Allons jeter un coup d'œil sur l'étang : il est encore trop tôt pour y voir cette foule d'habitants qui fourmillera dans les eaux d'ici à un mois ou six semaines ; voilà pourtant un gros Dytique bordé (*dytiscus marginatus*) qui a passé l'hiver et qui n'a pas encore recouvré toute son agilité : c'est un coléoptère carnassier et amphibie d'une famille qu'on nomme les Hydrocanthares ; quoique bien plus large proportionnellement que les carabes, il s'en rapproche beaucoup par son organisation, et nous pouvons même sans loupe, tant il est gros, compter les cinq articles de ses tarses, dont les postérieurs sont disposés en manière de rames, distinguer ses antennes en fil formées de onze articles, ses palpes minces, et même, en lui donnant quelque chose à mordre, ses mandibules et ses mâchoires. Il est long de douze à quinze lignes et large de six à huit; sa couleur est noire brunâtre très brillante, presque bronzée en dessus, avec une bordure jaunâtre autour du corselet et une ligne de même couleur sur le bord extérieur des élytres; le dessous du corps est mêlé de jaune et de brun, et le sternum se termine par une fourche émoussée.

Le saule fleuri. — Voilà bien, comme je l'avais pensé, le saule marceau (*salix capræa*) avec ses chatons en plumets soyeux. Étendons notre nappe au-dessous de ces branches fleuries, et donnons quelques secousses. — Eh bien ! voilà des papillons, des mouches à deux et à quatre ailes, et des coléoptères qui tombent assez nombreux : la température trop froide encore ne leur permet pas de se mouvoir assez vite pour qu'ils nous échappent. — Ces petits papillons à ailes triangulaires et à antennes en fil mince, ce sont des Noctuelles : celle-ci est la Noctuelle gothique, ainsi nommée à cause de la disposition de ses couleurs.

Le Drile, ennemi des Limaçons. — Ramassez le long des haies, sous les feuilles mortes qui remplissent les ravins et les fossés desséchés, un certain nombre de ces jolis limaçons jaunes à bandes noires qu'on appelle l'Hélice némorale ; nous avons beaucoup de chances pour rencontrer dans quelques unes de ces coquilles une larve bien curieuse, c'est celle du *Drile jaunâtre*, joli insecte coléoptère dont le mâle, connu depuis long-temps, long de trois à quatre lignes, est ailé et porte de belles antennes

en panache, tandis que la femelle, deux fois
plus grosse, est nue, dépourvue d'ailes et d'é-
lytres, et n'a que des antennes simples. Aussi
l'observateur qui le premier trouva ces larves et
voulut les faire éclore, n'ayant obtenu que des
femelles parce qu'il avait choisi les plus grosses
larves, crut avoir un insecte d'un genre tout-à-
fait inconnu, et le nomma Cochléoctone, c'est-à-
dire le tueur de limaçons. Ces larves, en effet,
font une guerre active à ces pauvres hélices :
quand l'une d'elles rencontre un limaçon pro-
portionné à sa taille et à moitié sorti de sa coquille, elle s'y attache sans le blesser encore et
attend l'instant où le malheureux se décide
à rentrer dans sa demeure; cette larve alors
s'enfonce de force avec ses dents dans le flanc
droit de sa victime et lui fait des blessures
cruelles qui bientôt lui ont causé la mort. Une
larve reste dix à quinze jours pour dévorer entièrement un limaçon; si au bout de ce temps
elle n'est pas encore près de se transformer, elle
sort de la coquille pour en aller attaquer un
autre, sinon elle nettoye bien l'intérieur de la
maison dont elle a pris possession, et s'y change
en nymphe pour rester dans cet état jusqu'au
printemps. Vous distinguez facilement les coquilles occupées par ce parasite vorace, parce

qu'elles sont plus légères et que le limaçon ne se montre pas près de l'entrée. Cette larve est jaunâtre, longue de cinq à neuf lignes, avec une petite tête armée de fortes mandibules brunes; son corps est divisé en douze anneaux, dont les trois premiers sont nus et supportent chacun une paire de pattes minces : les suivants portent chacun deux paires d'appendices allongés très poilus.

Le *Tenthrède.* — Voyez enfin cette petite mouche noire qui s'est posée sur les jeunes pousses de chèvrefeuille, c'est une tenthrède; ses quatre ailes veinées, transparentes, ses genoux blanchâtres, nous la feront reconnaître. Elle est occupée à introduire, au moyen de la tarière en scie qu'elle porte en arrière, ses œufs dans l'écorce encore tendre; il en résultera des excroissances charnues qu'on nomme fausses-galles.—En voilà même déjà une qui commence à se gonfler sur cette autre branche. Dans chaque fausse galle habite une petite larve transparente, à tête brune écailleuse et à vingt-deux pattes, qui, au bout de deux mois, s'enfonce en terre et se change en tenthrède l'année suivante.

Quatrième Promenade.

(10 AVRIL.)

SOUFFRANCES DES INSECTES. — INSECTES DES
MAISONS. — NOMENCLATURE. — LE RUISSEAU.
— LA PRAIRIE.

Les insectes souffrent-ils ? — Les insectes
de nos dernières chasses ne sont point morts
encore, quoique traversés par l'épingle qui
les fixe au liége. Ils agitent leurs membres
et font tous leurs efforts pour se délivrer de
ce supplice qui dure depuis si long-temps.
Il y aurait bien là de quoi nous éloigner
de l'étude des insectes, s'il n'était facile de se
convaincre que la souffrance dans les animaux
inférieurs est incomparablement moindre que
nous ne sommes accoutumés à le supposer.

On connaît en effet des animaux comme les
polypes, les orties de mer, les naïs, qui, bien loin
de mourir, si on les coupe par morceaux, devien-

nent autant d'animaux complets que l'on a fait de morceaux. Ils ressemblent donc aux plantes que l'on multiplie de bouture, et personne assurément ne pense que les plantes ressentent de la douleur quant on les coupe ainsi. Les insectes, à la vérité, ne peuvent se multiplier ainsi par bouture, mais quand on les coupe en morceaux, quand on détache leurs membres, on voit souvent leurs parties continuer à vivre et à se mouvoir pendant long-temps. Qui de vous n'a vu les longues pattes de cette grande araignée des champs qu'on nomme le faucheur, se détacher du corps de l'insecte et tomber presque comme les parties d'une fleur trop épanouie, puis continuer à se mouvoir en se contractant pendant plus d'une demi-heure ? La queue du lézard, quoique ce soit un animal bien plus élevé dans l'échelle des êtres, ne s'agite-t-elle pas sur votre main après qu'elle s'est détachée sans effort de l'animal qui s'enfuit ? Eh bien ! ces pattes du faucheur, cette queue du lézard ne sont cependant pas sensibles et souffrantes par elles-mêmes.

Coupez une guêpe par le milieu du corps, l'abdomen armé de l'aiguillon reste si bien vivant en apparence, que vous ne pourriez le manier sans danger ; souffre-t-il cependant ? Non , sans doute, ce n'est pas l'abdomen ; ce serait plutôt la partie antérieure dont la tête fait partie et qui continue à marcher sur ses six pieds : mais quand vous aurez pénétré plus avant dans les mystères de l'organisation des insectes, vous saurez que la tête chez eux n'est point comme chez nous et comme chez les autres animaux supérieurs, destinée à renfermer le cerveau, centre commun de toutes les sensations, et que leur thorax ne renferme point un cœur destiné à faire circuler un liquide vivifiant. Rien de tel chez les insectes, la vie semble diffuse ou répandue uniformément dans tout le corps : un insecte sans tête continuera à vivre et pourra même pondre ses œufs ; bien plus, l'abdomen détaché du papillon nocturne pourra achever sa ponte. De même aussi un insecte privé de son abdomen va continuer à manger, et à poursuivre sa proie.

Par exemple, voyez comment votre gros dytique a dévoré les insectes qui étaient à sa portée. C'est peut-être, dites-vous, de rage qu'il a détruit ce qui l'entourait ; mais non, c'est pour s'en nourrir comme s'il était en liberté ; retirez l'épingle qui le traverse, mettez-le dans l'eau, il ne paraît pas le moins du monde s'apercevoir de sa blessure ; il est seulement débarrassé de l'obstacle qui le tenait captif ; donnons-lui un peu de viande crue, il s'y attache aussitôt; il la suce et la ronge avidement.

Il serait donc peu raisonnable de s'apitoyer avec excès sur le sort de ces petits animaux sans cœur et sans cerveau; la sensibilité chez eux paraît servir seulement à les avertir d'éviter ce qui compromettrait leur existence; la nature, qui a su établir dans la création une harmonie si parfaite, n'eût pas donné une vie si dure, si tenace à des animaux qui eussent pu souffrir aussi long-temps; elle qui voulait que, par leur destruc-tion successive, tous les êtres vivants concou-russent à l'accomplissement de son plan général, a eu soin de rendre les oiseaux et les animaux les plus timides si faciles à priver de la vie, qu'un simple choc, la moindre blessure, ou un froid trop vif suffisent souvent pour cela.

Mais le sentiment naturel de pitié qu'on éprouve à la vue d'insectes blessés ou déchirés est par lui-même respectable; ce n'est pas assez de penser qu'ils ne souffrent que médiocre-ment: il est bien de vouloir empêcher qu'ils n'aient ainsi toutes les apparences de la plus vive douleur. Pour cela vous n'avez qu'à exposer pendant quelque temps à une chaleur un peu forte votre liége chargé d'insectes; pendant l'été, il suffira de le mettre au soleil sous une cloche de verre, et même, le liége porté dans le chapeau durant plusieurs heures au soleil aura été chauffé assez fortement pour qu'il ne reste pas un seul insecte vivant. On peut aussi renfermer les liéges dans une boîte où l'on a placé du soufre allumé dans un petit plat de terre.

LES PREMIERS INSECTES DU PRINTEMPS. — Notre promenade, aujourd'hui, sera bien pro ductive, les fleurs commencent à être plus nom breuses ; déjà sur les talus exposés au midi, on voit la potentille printanière, les véroniques, les lamiums, visités par diverses mouches nou-vellement écloses ou par les abeilles réveillées de leur sommeil d'hiver. Les arbres des vergers paraissent de loin comme des nuages de fleurs, et dans les bois la gentille anémone sylvie incline son calice blanc teinté de rose ; la pulmonaire montre ses fleurs d'abord pourpres et bientôt bleues, et la ficaire étale ses étoiles d'or dans le gazon naissant. Nous visiterons le ruisseau qui traverse la prairie ; ses eaux commencent à être peuplées par d'innombrables espèces de larves et d'insectes ; et sur ses bords ornés de fleurs de cardamine et de primevère, nous verrons voler peut-être quelques papillons trop empressés de jouir des beaux jours.

Le dermeste des fourrures. — Vous voulez

d'abord savoir les noms des insectes que vous avez recueillis vous-même; ce coléoptère ovale long de deux lignes, d'un noir brillant, avec un point blanc au milieu de chaque étui, c'est le Dermeste ou attagène des pelleteries (*dermestes* ou *attagenus pellio*), ainsi nommé parce que sa larve attaque et dévore avec une effrayante rapidité les fourrures qu'on n'a pas eu soin de bien envelopper avec du poivre ou d'autres substances odorantes; elle détruit aussi les oiseaux empaillés, s'ils n'ont pas été préparés avec du savon arsénical, qui est une composition de savon blanc, de chaux vive, de potasse, d'arsenic et de camphre. Si vous cherchez dans les endroits où on a laissé des vieilles fourrures, ou même dans les tiroirs où l'on a conservé long-temps des plumes à écrire ou des pinceaux, vous trouverez la larve de votre dermeste; elle est longue et effilée, toute couverte de poils courts, soyeux, d'un jaune doré, et terminée par une touffe de poils très-longs ; elle marche assez rapidement, quoique ses pieds soient fort courts. Le dermeste est un coléoptère pentamère, de la famille des *clavicornes*, c'est-à-dire de ceux qui ont les antennes en massue comme les nitidules et les boucliers.

L'aphodie du fumier. — Cet autre coléoptère

ovale, plus bombé, et comme cylindrique en dessus, c'est l'aphodie du fumier (*aphodius fimetarius*), appelé jadis *scarabé bedeau*, parce que sa tête, son corselet, comme le dessous du corps, sont noirs, tandis que les élytres sont rouges comme le manteau d'un bedeau de village ; il est long de trois lignes, ses jambes antérieures sont larges et dentées pour lui fournir le moyen de creuser la terre, et ses tarses très minces ont cinq articles ; c'est donc encore un pentamère ; mais ses antennes sont terminées par trois articles élargis en lames, et formant latéralement un petit éventail, comme les antennes du hanneton ; aussi a-t-on désigné la famille de ces insectes par le nom de *lamellicornes*; mais les habitudes des aphodies sont bien différentes de celles des hannetons, et quoique vous ayez trouvé le vôtre volant au soleil, c'est un insecte vivant dans les matières les plus sales. Tout à l'heure, en traversant la prairie, nous le trouverons en grand nombre avec d'autres espèces voisines dans les bouses de vache, où il prépare une provision de nourriture pour sa larve qui vit en terre à une certaine profondeur. On a donc divisé les lamellicornes en plusieurs sections : les aphodies font partie de celle des coprophages, ainsi nommée des mots grecs *kopros*, fumier, et *phagô*, manger.

La Vrillette damier. — Vous avez là une grosse vrillette, c'est la *vrillette damier (anobium tesselatum)*, longue de trois lignes, d'un brun obscur et mat, avec des taches jaunâtres formées par des poils courts et disposées presque comme les cases d'un damier. Elle est très commune au printemps dans les vieilles maisons; c'est elle qui, à l'état de larve, ronge dans les charpentes et les soliveaux la partie blanchâtre plus tendre, nommée l'aubier; comme elle est bien plus grosse que vos autres espèces de vrillettes, vous pouvez vérifier la forme de ses antennes terminées par trois articles plus grands; d'après le nombre des articles de ses tarses c'est un pentamère : on la place avec les autres coléoptères, rongeant le bois et les substances sèches, dans la tribu des *ptiniores*, qui prend son nom du ptinus que vous connaissez, et qui fait partie de la famille des *serricornes;* c'est-à-dire des pentamères à antennes en scie.

— Mettons-nous en route, munis de notre nappe, de notre ciseau, de nos boîtes, de nos flacons, de nos pelotes, et de plus emportons un filet de canevas ou de toile en forme de sac pointu monté sur un cercle de fort fil de fer, il nous servira à pêcher des insectes aquatiques. Chemin faisant je vous dirai quelques mots de la nomenclature.

La nomenclature. — On nomme ainsi l'ensemble des règles sur lesquelles sont basées toutes les dénominations des insectes pris isolément ou collectivement, c'est-à-dire considérés comme formant des groupes plus ou moins nombreux. Vous concevez bien qu'il a fallu pour se reconnaître dans le nombre prodigieux de ces êtres, désigner chacun d'eux par un nom particulier; quand il s'est agi d'un insecte connu dans tous les pays comme le hanneton, l'abeille, la sauterelle, on a pu garder le nom consacré par l'usage; mais pour quelques uns nommés ainsi, il y en a des milliers qui n'ont jamais frappé les yeux du vulgaire, ou bien qui ont été compris sous une dénomination vague, telles que celles d'*escarbot*, de *cricri*, de *mouche*, etc.; il a donc fallu que les naturalistes créassent des dénominations spéciales; ils ont pris ordinairement des noms employés par les Grecs et les Romains pour désigner des insectes que nous ne connaissons pas au juste, ou bien ont donné un sens limité à certaines dénominations vulgaires; mais le plus souvent ils ont composé avec des mots grecs ou latins des noms très significatifs, et dont l'étymologie fournit tout d'abord un caractère pour reconnaître les insectes.

Le nom générique et le nom spécifique. — Mais on reconnaît bientôt que beaucoup d'insectes se ressemblent tellement qu'on ne pourrait imaginer un nom particulier significatif pour chacun sans s'exposer à surcharger considérablement la mémoire. Ainsi nous avons déjà trois vrillettes, quatre ou cinq dromius, trois coccinelles, etc.; on est donc convenu de regarder les premières dénominations comme désignant à la fois toutes les espèces analogues. Toutes ces espèces prises collectivement forment un genre, et la dénomination commune s'appelle le nom générique. Chaque espèce est désignée en particulier par un adjectif ou un autre mot exprimant ce qu'elle a de plus remarquable dans sa forme, sa couleur ou ses habitudes; ainsi l'on conçoit que toutes les fois qu'une nouvelle espèce est trouvée, il s'agit simplement pour la désigner, d'ajouter au nom générique un adjectif qui n'ait pas encore été employé pour un insecte du même genre; et la mémoire, au lieu de retenir deux ou trois mille noms différents et sans rapport entre eux, peut n'avoir à conserver que deux ou trois cents noms de genres, et une centaine d'adjectifs ou d'autres qualificatifs susceptibles de s'ajuster à chaque nom de genre.

L'espèce. — Il faut bien comprendre ce qu'on entend par le mot *espèce* : c'est l'ensemble de tous les individus présentant exactement les mêmes caractères, sauf les différences d'âge ou de sexe. Ainsi toutes les abeilles ouvrières d'une même ruche, tous les hannetons mâles ou femelles se ressemblent tellement qu'il est souvent impossible de distinguer un individu entre mille. Ce qui rend l'espèce si nettement circonscrite, chez les insectes, c'est que ces animaux, après leur dernière métamorphose, arrivent à l'état parfait avec la forme et la grosseur qu'ils doivent conserver toujours; tandis que des plantes d'une même espèce, par exemple, peuvent présenter un aspect tout différent, suivant le degré et les circonstances de leur développement.

Les genres. — Le *genre* est la réunion des espèces qui ont tous les mêmes caractères essentiels, et qui ne diffèrent, par exemple, que par la taille, par la couleur, par le brillant ou le duvet de leur enveloppe, par quelque variété légère dans la forme du corps ou dans celle des élytres, des ailes, des pattes, des antennes ou des palpes, sans que ces organes pourtant cessent de montrer le caractère générique.

En 1752, après Linné, le Suédois Dégéer ne comptait que cent genres pour tous les animaux articulés; vingt ans plus tard, Geoffroy en avait établi cent dix-huit, pour ceux des environs de Paris seulement; en 1776, Fabricius, célèbre entomologiste danois, en portait le nombre à cent quatre-vingt-cinq; en 1789, Olivier, dans l'Encyclopédie méthodique, en indiquait deux cent huit; et plus tard Fabricius, dans ses derniers ouvrages, comptait pour les coléoptères seulement cent quatre-vingt-un genres, pour les hémiptères quarante-six, pour les hyménoptères quatre-vingt-trois, etc.

Enfin Latreille, dans la dernière édition du Règne animal qu'on doit prendre pour guide, pour tous les articulés du globe, compte plus de mille quatre cents genres secondaires, dont cent quatre-vingt-trois de crustacés, et soixante-quatre d'arachnides; et il les groupe dans cent quatre-vingt-dix-huit genres principaux; mais il faut observer que parmi les insectes de France nous n'aurions guère que trois ou quatre cents de ces genres secondaires.

Les familles et les ordres. — Les genres qui ont plusieurs caractères communs entre eux se réunissent en groupes plus importants qu'on nomme des *familles*, et quand ces familles sont trop nombreuses, on les partage en tribus susceptibles elles-mêmes de se subdiviser en sections. Les familles, à leur tour, sont réunies en ordres ; tels sont les ordres des coléoptères, des hémiptères, des diptères ou insectes à deux ailes, etc. ; et quand ces ordres sont trop considérables, ils se divisent également en sections. Enfin les ordres sont groupés en classes, et ces classes sont, comme nous l'avons dit pour les animaux articulés, celles des crustacés, des arachnides, des insectes, et celle des myriapodes, à moins qu'on ne veuille ranger ces derniers parmi les insectes aptères.

En suivant un ordre inverse, on passe des classes qui sont les divisions principales, aux ordres qui sont des divisions de moindre valeur, puis de ceux-ci à leurs sections, désignées par des dénominations particulières, puis aux familles qui portent aussi des désignations très caractéristiques, et enfin, en descendant aux tribus et aux sections portant souvent elles-mêmes des noms significatifs, on arrive aux genres et aux espèces.

Il y a là quelque chose d'analogue à ce qui se fait dans l'organisation d'une armée où un individu désigné par son nom d'abord, l'est en outre par le numéro de sa compagnie, puis par celui de son régiment et de la division à laquelle ce régiment appartient. On a appliqué de semblables règles de nomenclature à toutes les branches de l'histoire naturelle, et vous ne tarderez pas à reconnaître combien elles ont dû aider à la mémoire et faciliter l'étude, en permettant à l'esprit de ne considérer d'abord qu'un petit nombre de groupes principaux distingués par quelques caractères faciles à saisir, pour n'arriver que progressivement à la connaissance des groupes secondaires, et enfin des genres et des espèces.

N'oubliez pas, cependant, que les dénominations et les classifications, toutes inventées dans le seul but de faciliter l'étude, ne constituent point réellement la science; elles n'en sont que l'alphabet. Le vrai naturaliste ne se contente pas des noms, il étudie les animaux eux-mêmes; il cherche sans cesse dans la connaissance de leur organisation, de leurs mœurs et de leurs instincts, de nouveaux sujets d'admiration.

Toutes les dénominations que j'aurai cherché à graver dans votre mémoire, je m'attends bien à vous les voir appliquer de travers quand vous étudierez seuls : n'en soyez point inquiets, pareille chose m'est arrivée, et je pense qu'il vaut mieux, au risque de se tromper, essayer d'ajuster à un objet telle dénomination, rappelant des caractères bien ou mal observés, que de laisser cet objet dans la foule de ceux qu'on ignore. Par une heureuse compensation, la rectification d'une erreur commise amènera plus tard la connaissance plus parfaite des caractères mal observés d'abord, et l'on conserve d'autant mieux les notions acquises, qu'elles ont coûté plus de peine à acquérir.

LES INSECTES AQUATIQUES.— *Les névroptères.* —Nous voilà arrivés près de ce ruisseau que nous aurons plus d'une fois occasion de visiter encore : ces mouches à quatre ailes et au vol pesant, que le premier soleil du printemps a fait éclore, sortent des eaux où elles ont passé la plus grande partie de leur vie à l'état de larve et de nymphe. Elles nous font connaître un ordre d'insectes dont nous n'avions pas encore parlé, celui des névroptères, dont le nom veut dire ailes à nervures. Tous les insectes de cet ordre ont quatre ailes à nervures en réseau, et leur bouche est armée de mandibules et de mâchoires avec quatre palpes.

Les mouches à quatre ailes que nous prenons si facilement ici sur la route et sur les pierres, sont des Némoures et des Perles, qui diffèrent seulement en ce que celles-ci portent à l'extrémité du corps deux longs filets, tandis que les Némoures en sont privées : voici la Némoure bigarrée

(*Nemoura variegata*), longue de quatre à cinq lignes; elle a la tête noirâtre, ainsi que le corps le corselet presque carré, brun, avec les bords, jaunâtres et quatre points relevés au milieu, les pattes fauves et les ailes blanchâtres, avec une teinte brune vers l'extrémité, et des nervures brunâtres. Cette autre est la Némoure à trois bandes (*Nemoura trifasciata*), ainsi nommée parce que ses ailes grises sont coupées par trois bandes plus pâles; elle est longue de sept lignes; tout son corps est noirâtre, à l'exception des pattes qui sont d'un fauve grisâtre; son corselet est rude, mais sans points relevés, comme celui de l'autre. Elle est remarquable surtout en ce que la femelle seule a la faculté de voler, et que le mâle n'a que des ailes imparfaites; c'est le contraire de ce qu'on observe chez les vers luisants, le drile, la cochenille et certains papillons nocturnes où le mâle seul est ailé.

Si nous pêchons dans le ruisseau entre les herbes avec notre filet, ou bien si nous levons les pierres qui entravent le courant, nous trouverons des larves et des nymphes de Perles et de Némoures; les uns et les autres ont deux filaments à la queue et ressemblent beaucoup à l'insecte parfait dont les ailes seraient renfermées dans des étuis courts, noirâtres; elles marchent

au fond des eaux et se nourrissent de proie vivante ; nous avons là aussi d'autres larves carnassières à six pieds ; celles qui marchent si
lentement et qui sont revêtues d'une écaille dure,
deviendront des libellules ou demoiselles ; ces
autres larves plus molles, armées de fortes
mandibules et si agiles dans l'eau où elles nagent,
sont des larves de dytiques et d'hydrophiles.

Ces tuyaux formés de débris agglutinés et de
petites coquilles, servent d'habitation à une larve
à six pieds qui deviendra une Frigane, mouche
à quatre ailes de l'ordre des névroptères, quoique
ressemblant beaucoup à certains papillons nocturnes. Ces larves sont bien connues des pêcheurs qui les tirent de leurs étuis pour en faire
des appâts ; ils les nomment des charrées, des
porte-faix, des galifer, etc.

Le Gros Hydrophile. — Ce gros coléoptère noir,
brunâtre et poli, que vous avez pris avec votre filet,
c'est l'Hydrophile brun (*Hydrophilus piceus*) dont
le nom veut dire ami des eaux (de *hydór* l'eau
et *philos* ami). Il nage comme notre gros dytique ; comme lui aussi il est carnassier, et fait
partie de la section des pentamères ; mais ses
antennes sont bien différentes ; elles sont en
massue, courtes et cachées sous les côtés de la
tête, tandis que les palpes amincis et plus longs

s'avancent beaucoup et pourraient être pris pour les véritables antennes, si l'on ne faisait attention au nombre bien moindre de leurs articles et à leur mode d'insertion au dos des mâchoires, et si d'ailleurs les antennes n'étaient insérées sur la tête même contre les yeux. Ce caractère a fait nommer famille des palpicornes celle dont l'Hydrophile fait partie. Remarquez aussi comment le sternum de cet insecte est prolongé en pointe aiguë par derrière ; et quand vous saisirez un Hydrophile, ayez soin d'éviter qu'il ne vous blesse par ses brusques mouvements.

Le Gyrin ou *Tourniquet*. — Voyez plus loin en cet endroit où le ruisseau ralentit son cours, des coléoptères longs de trois lignes, brillants comme des perles d'acier, se jouer à la surface des eaux en décrivant mille cercles entrelacés, que l'œil ne peut suivre, tant ils sont vifs ; ce sont des Gyrins (*Gyrinus natator*), qu'on nommait autrefois des Tourniquets ; ils sont de la famille des hydrocanthares comme les dytiques, c'est-à-dire qu'ils ont comme eux six palpes et cinq articles aux tarses ; mais ils se distinguent par la brièveté de leurs antennes, dont le premier article plus grand est latéralement prolongé, et surtout par une particularité fort curieuse : leurs yeux se trouvent partagés en deux par une arête du rebord de la tête, de sorte qu'ils paraissent avoir quatre yeux, deux en dessous qui leur servent à guetter leur proie sous l'eau, et deux en dessus pour apercevoir l'ennemi qui les menacerait en dehors. Aussi voyez avec quelle rapidité le Gyrin se dérobe, en plongeant, à la main qui veut le saisir; il est également habile à voler et à nager, mais il marche difficilement; remarquez-vous comment en plongeant il emporte avec lui une bulle d'air à l'extrémité de ses élytres; c'est que, de même que tous les autres insectes parfaits, il ne peut vivre sans respirer l'air : les dytiqués, les hydrophiles emportent également une provision d'air entre les élytres et l'abdomen, et nous aurons souvent l'occasion d'admirer les procédés employés par différents insectes aquatiques pour se procurer ou conserver leur provision d'air. Pour prendre les Gyrins, il faut avancer lentement le filet au-dessous de l'endroit où ils tournoient, et le soulever brusquement; encore nous ont-ils presque tous échappé. Si cet insecte est joli et propre, il a l'inconvénient de répandre, quand on le touche, une bien mauvaise odeur; elle est produite par cette liqueur laiteuse que vous voyez sortir sur les bords du corselet et des élytres; les Dytiques sont dans le même cas, mais ils sentent moins mauvais.

LA PRAIRIE. — *Les Bousiers.* — Avançons maintenant à travers la prairie; il nous faut explorer les bouses de vaches presque sèches, car c'est là seulement que nous pouvons trouver plusieurs tribus d'insectes. Voyons celle-ci : soulevons-la avec un bâton ; eh bien ! n'êtes-vous pas surpris de la foule d'êtres vivants qui fourmillent là-dessous? Voilà l'Aphodie du fumier et quatre ou cinq autres espèces d'aphodies; celui-ci, plus gros, tout noir, long de quatre à cinq lignes, est l'Aphodie fossoyeur (*Aphodius fossor*); cet autre, également noir, mais seulement aussi gros que l'aphodie du fumier, est l'Aphodie souterrain (*Aphodius subterraneus*) ; ce petit que vous prenez pour un jeune des espèces plus grosses, parce qu'il est tout noir aussi et qu'il ne paraît en différer que par la taille, c'est l'Aphodie grenaille (*Aphodius granarius*): en l'étudiant avec la loupe, vous y découvrirez des différences qui vous prouveraient qu'en effet il constitue une espèce particulière, quand même vous ne sauriez pas que les insectes à l'état parfait ne sont pas susceptibles de prendre de l'accroissement. Cet aphodie si commun, noir, avec des élytres gris-jaunâtre rayées inégalement de noir, c'est l'Aphodie sale (*A. conspurcatus*) ; cet autre enfin qui a quatre taches rouges peu marquées sur ses élytres noires, est l'Aphodie quadrimaculé. Ces autres coléoptères à corselet plus grand proportionnellement et à élytres très courtes, et qui ont les pieds très écartés les uns des autres, ce sont des Ontophages ; on les réunissait autrefois avec les Aphodies sous le nom de Bousier ; mais ce nom est réservé aujourd'hui à cet insecte noir beaucoup plus gros, long de huit à neuf lignes, et qui porte une corne sur la tête : on le nomme le Bousier lunaire (*copris lunaris*).

Le Sphéridie. — Avec eux se trouvent des coléoptères hémisphériques comme les coccinelles noirs luisants avec l'extrémité des élytres rougeâtre, un peu raccourcie, et une tache rouge foncé sur chacune : ce sont des Sphéridies, qui, d'après la forme de leurs antennes courtes en massue et de leurs palpes allongés, doivent être placés dans la famille des palpicornes avec les hydrophiles, ayant comme eux cinq articles aux tarses. Celui-ci, long de trois lignes, est le Sphéridie à quatre taches (*Sphæridium scarabæoides*) ; cet autre, moitié plus petit, avec l'extrémité seule des élytres brun-rougeâtre, est le Sphéridie hémorrhoïdal.

L'Escarbot. — Voilà des coléoptères bien reconnaissables à leur forme presque carrée et à leurs élytres raccourcies, très dures et polies : on les nomme Escarbots (*hister*) ; ils sont de la famille des clavicornes parmi les pentamères ainsi que les dermestes, les nitidules et les boucliers ; leur tête, très petite proportionnellement, est logée dans une échancrure du corselet, porte des mandibules assez fortes et assez longues et des antennes courtes, coudées, terminées en une massue solide. Leurs jambes sont courtes, larges et dentées comme celles des Aphodies ; ils sont tous revêtus d'une cuirasse noire ou bronzée très dure et très brillante ; vous pourrez en rassembler au moins vingt espèces différentes dont les plus petites, comme celle-ci, qui est l'Escarbot sillonné (*Hister sulcatus*), ont à peine une ligne de long, et dont les plus grandes, comme l'Escarbot quadrimaculé, ainsi nommé à cause des quatre taches rouges de ses élytres, sont longues de quatre à cinq lignes. Cet autre tout noir, long de deux à trois lignes, est l'Escarbot unicolor. Cet autre de même taille et de même couleur, mais avec une tache rouge en forme de croissant sur chaque élytre, est l'Escarbot lunaire (*Hister lunatus*).

Ces insectes allongés, si agiles, qui paraissent n'avoir ni ailes, ni élytres, ce sont encore des coléoptères ; mais leurs élytres sont si courtes qu'elles ne sont plus que deux petites plaques carrées et couvrant à peine le tiers de leur abdomen ; on en a fait pour cette raison la famille des *Brachélytres*, dont le nom veut dire *étuis courts* (de *brachys*, court). Le nombre de leurs espèces est de plusieurs centaines : ramassons-les, nous les déterminerons plus tard.

Pour terminer notre excursion, secouons sur notre nappe les branches de ces arbres fruitiers chargés de fleurs ; nous avons ainsi une récolte immense : ce sont des mouches à deux et à quatre ailes, des coléoptères à tête prolongée en trompe, de la famille des porte-bec ; les uns nommés des Apions, ont les antennes droites ; les autres, dont les antennes sont coudées, forment plusieurs genres confondus autrefois sous le nom de Charançon. Voilà des Nitidules, des Bruches, des Téléphores, des Hémiptères de vingt espèces différentes, tant de choses enfin, que nous ne suffirons pas à les piquer ici ; mettez-les donc dans des flacons où l'odeur d'essence ou d'éther les étourdira promptement, et vous les rangerez à loisir quand vous serez de retour.

Cinquième Promenade.

(25 AVRIL.)

LA COLLECTION. — LES CARABES. — LES ENTERREURS. — LES ORDRES DES INSECTES.

LA COLLECTION. — Votre collection naissante a déjà un aspect méthodique qui promet beaucoup pour l'avenir : voilà des insectes placés comme des chefs de file en attendant que leurs cohortes soient complétées. Les vides se rempliront peu à peu, et dès cet instant vous avez tracé le contour et les divisions principales du vaste cadre de notre étude. La place des crustacés est occupée déjà par une écrevisse desséchée représentant les crustacés décapodes macroures, c'est-à-dire ceux qui ont dix pieds et une longue queue ; le petit crabe parasite des moules, qu'on nomme le Pinnothère, parce qu'on a supposé jadis qu'il est le compagnon et le gardien fidèle de ces coquilles, tient la place des décapodes brachyures, c'est-à-dire à courte queue. Vous aurez à ajouter d'autres crustacés, et particulièrement la crevette des ruisseaux ; les cloportes et la philoscie sont là aussi pour indiquer la famille des crustacés isopodes. Quelques araignées, avec la pince et le trombidion, représentent vos arachnides ; viennent ensuite vos myriapodes et vos insectes à six pieds formant neuf ordres plus ou moins nombreux : les aptères représentés par la forbicine, la podure et la puce, qui, par son organisation particulière, mériterait de faire un ordre particulier ; les coléoptères, partagés en quatre sections, d'après le nombre des articles de leurs tarses. Voici la place des orthoptères ; vous n'en avez encore qu'un seul.

La Blatte des cuisines et les Orthoptères. — Ce vilain insecte brun, aplati et luisant, qu'on trouve trop souvent dans les cuisines, où il ronge et détruit tout ce qui est à sa portée, et qu'on désigne communément sous le nom de *Barbeau,* c'est la Blatte des cuisines (*Blatta orientalis*) ; elle est longue de dix lignes et large de cinq ; ses longues antennes sont amincies au bout et composées d'une centaine d'articles ; sa tête est petite, garnie de mandibules et de mâchoires ; son corselet est large, en forme de bouclier ; et son abdomen écailleux est terminé par deux filets courts. Chez quelques mâles, on voit un commencement d'élytres, mais jamais d'ailes ; leurs jambes aplaties sont garnies de petites épines, et leurs tarses ont cinq articles. On nomme *kakerlac* en Amérique une espèce de blatte presque deux fois plus grosse, qui cause de bien plus grands dégâts en attaquant non seulement les comestibles, mais encore les étoffes de laine et de soie, et même les chaussures de cuir : elle a été apportée par les navires dans les villes maritimes de France, où elle s'est naturalisée. Près d'elle viendront se placer les grillons et les sauterelles, qui ont fait donner à la classe ce nom d'orthoptères signifiant ailes droites, parce que leurs ailes, au lieu d'être repliées en travers sous les élytres, sont droites et plissées en éventail.

Les Hyménoptères. — L'ordre des hémiptères qui vient ensuite, comprend déjà dans votre collection plus de vingt espèces de punaises terrestres ; celui des névroptères ne présente que vos cinq espèces de perle et de némoure ; vous avez là quelques abeilles, des ichneumons et des mouches à scie ou tenthrèdes, pour représenter l'ordre des *hyménoptères*, dont le nom signifie ailes nues, parce que leurs quatre ailes transparentes, de même que celles des névroptères, ne sont pas protégées par des étuis ou élytres ; mais elles en diffèrent parce que ces ailes, au lieu d'être veinées en réseau, n'ont que peu de nervures, la plupart longitudinales, et parce que leurs mâchoires prolongées forment avec leur lèvre une sorte de trompe plus ou moins distincte. Vous remarquez aussi que l'abdomen, chez plusieurs de ces hyménoptères qui sont des femelles, est terminé par un aiguillon ou par une tarrière ; telle est la tarrière qui a mérité aux tenthrèdes le nom de mouche à scie, parce qu'elle est finement dentelée et sert à l'insecte à pratiquer dans l'écorce encore tendre des entailles pour loger ses œufs.

Nos dernières excursions vous ont procuré quelques papillons nocturnes qui appartiennent à l'ordre des lépidoptères, dont le nom veut dire ailes écailleuses ; enfin, vous avez déjà rangé quelques mouches à deux ailes pour commencer l'ordre des *diptères*.

C'est en secouant les arbres fleuris sur notre nappe étendue que vous avez recueilli la plupart de ces nouveaux insectes que vous devez vous borner à rapporter à leurs ordres ou à leurs familles, en attendant que les comparaisons établies sur un plus grand nombre d'objets nous permettent d'aller plus loin dans cette étude.

Je dois vous faire observer combien il importe pour la régularité des collections d'employer des épingles toutes de même hauteur (1), et de piquer les insectes de la même manière; vous aurez donc soin de piquer les coléoptères, les hémiptères et les orthoptères sur l'élytre droite vers le haut, de manière à ce que l'épingle, après avoir traversé le thorax, sorte entre les deux dernières paires de pattes, et ne passe en dessus que du quart de sa longueur; vous veillerez aussi à ce que les membres conservent à peu près la position qu'ils ont pendant la vie de l'animal; pour cela vous ferez ramollir sous une cloche ou sous un verre renversé sur une couche de sable humide, les insectes mal disposés, et vous étalerez ensuite leurs pattes et leurs antennes; vous rapprocherez leurs élytres, ou vous écarterez leurs ailes en les maintenant, s'il est nécessaire, avec des épingles ou des bandes de papier, jusqu'à ce qu'ils se soient séchés de nouveau à l'air.

LA CHASSE. — *Les filets.* — Pour notre course

______

(1) On vend à Paris, pour les collections d'insectes des épingles de seize et de dix-huit lignes; elles coûtent, suivant la finesse et suivant la qualité, de 1 fr. 50 c. à 2 fr. 50 c. le mille.

d'aujourd'hui, il nous faut deux filets, l'un de gaze, porté à l'extrémité d'une canne légère pour attraper les insectes au vol ou lorsqu'ils se posent sur des fleurs ; vous le faites en cousant le morceau de gaze en forme de sac pointu, dont le bord s'ajuste à un cercle formé simplement d'un brin d'osier flexible, ou mieux à un fort fil de fer dont les deux bouts tordus ensemble forment un prolongement qui se lie solidement à la canne. L'autre filet, de même forme, est en canevas, mais cousu sur un cercle de fil de fer beaucoup plus fort qu'on attache solidement à un bâton court ; c'est le même qui nous sert à pêcher les insectes aquatiques ; vous pouvez le monter comme le mien sur trois morceaux de ce fort fil de fer assemblés en triangle par un anneau pratiqué à chaque extrémité, et susceptibles de se replier pour rendre le filet plus portatif. Ce filet, promené d'un côté à l'autre comme la faux d'un faucheur, sur les touffes d'herbes, sur les prairies et sur les buissons, se remplit d'une foule d'insectes qu'il ne s'agit plus que de trier au milieu des débris de plantes qu'on entraîne avec eux.

Le printemps s'est enfin rendu à nos vœux, et de toutes parts il étale sa riche parure ; les champs, les bois, les prés nous promettent également une abondante récolte; mais la température est si douce, le ciel est si beau, que nous ne craindrons pas d'allonger notre promenade; éloignons-nous donc de la ville, cherchons quelque vallon solitaire où nous trouverons réunis tous les avantages des diverses localités.

LES CARABES.— *Le Brachine pétard.*— Nous voici dans la campagne; commençons activement nos recherches, et levons d'abord ces pierres et ces pièces de bois qui reposent depuis longtemps sur le sol. Voyez combien d'animaux avaient cherché là-dessous un refuge contre la voracité de leurs ennemis ou plutôt un abri contre la sécheresse et contre la chaleur du soleil ; car leurs ennemis savent aussi visiter ces retraites. Ce gros carabe, par exemple, est l'ennemi le plus redouté, non seulement des autres insectes, mais aussi des espèces plus faibles de carabes. En voilà un précisément qui poursuit un joli carabe long de quatre à cinq lignes, à élytres bleu foncé, striées, et avec le corselet, la tête et les pattes fauves ; c'est un Brachine (*Brachinus*), ainsi nommé du mot grec *brachis*, court, parce que ses élytres, comme celles des dromius et des lébies, sont un peu plus courtes que l'abdomen et paraissent tronquées ; ou plutôt du mot *bracheia*, timidité ; car ce malheureux petit brachine, près d'être atteint par son ennemi, lui lance par derrière des bordées d'un gaz explosif et caustique qui est son seul moyen de défense ; aussi l'a-t-on nommé le Brachine pétard (*Brachinus crepitans*). Il y a dans les pays chauds des espèces de brachines plus grandes, et qui peuvent, en faisant explosion dans la main qui les prend, causer une véritable brûlure analogue à celle de l'eau forte ou acide nitrique. Cet effet est produit par une liqueur très volatile d'une odeur très vive et pénétrante qui se réduit subitement en vapeur. Vous avez là sous les pierres deux autres brachines plus petits ; celui-ci, qui ne diffère du pétard que par sa taille moindre de moitié et par ses élytres plus lisses, a été nommé le Brachine explosif (*Brachinus explodens*) ; cet autre également petit, qui se distingue par une tache rouge sur la suture des élytres, depuis la base jusqu'au milieu, est le Brachine pistolet (*Brachinus sclopeta*).

Le Carabe purpurin et le Jardinier. — Ce gros carabe noir, allongé, avec une bordure verdâtre ou pourprée, métallique autour des élytres et du corselet, est le Carabe purpurin (*Carabus purpurescens*) ; cet autre d'un vert doré avec les antennes et les jambes brunâtres, et le dessous du corps noir, est le Carabe doré (*Carabus auratus*); il est le plus commun de tous, on le trouve souvent dans les jardins où il détruit beaucoup d'insectes nuisibles, aussi le nomme-t-on *Jardinier*. Les trois côtes saillantes de ses élytres le distinguent du *Carabus monilis*, qui est plus grand et proportionnellement plus large, avec trois rangées de points élevés un peu allongés, formant comme des chapelets séparés par une ligne élevée. Vous avez aussi le Carabe à chaînette (*Carabus catenulatus*) qui est noir bleuâtre, et porte, sur chaque élytre, trois rangées de points élevés entre chacune desquelles se trouvent deux lignes saillantes; tous ces carabes ont plus d'un pouce de longueur.

Vous en pourrez réunir encore plusieurs autres, tels sont: le *Carabus cancellatus*, qui est vert, avec trois côtes saillantes et une rangée de gros points allongés dans chaque intervalle; le *C. hortensis*, noir bronzé, avec trois rangées de points enfoncés et cuivreux sur les élytres qui sont chagrinées et bordées de violet; le C. convexe (*C. convexus*), un peu plus petit, noir bleuâtre, très bombé sur le dos, avec le corselet et la tête plus étroits; le C. granulé (*C. granulatus*) qui est d'un tiers plus petit que le *C. cancellatus*, auquel il ressemble d'ailleurs par sa couleur bronzée cuivreuse; les élytres présentent trois rangées de points séparés par trois lignes dont l'une est plus élevée et mieux marquée que les deux autres. Tous les insectes laissés dans le genre carabe qui donne son nom à la famille des carabiques, sont caractérisés par leurs palpes maxillaires, grands, aplatis et élargis à l'extrémité en forme de fer de hache; ils sont tous bons coureurs, mais sans ailes sous leurs élytres. Leur corselet est plus long que large, leurs jambes sont allongées, et celles de devant n'ont point d'entaille ou d'échancrure comme on en voit chez d'autres carabiques.

Vous venez de trouver sous cette souche un autre carabe encore plus gros, noir, à élytres ridées ou chagrinées; il a plus de quinze lignes de long; son corselet est en cœur un peu rebordé et pointillé; on l'appelait le carabe chagriné. Mais une différence dans les parties de la bouche, dont le labre est fendu en trois parties ou à trois lobes, tandis qu'il n'est que simplement échancré ou à deux lobes chez les vrais carabes, et de plus la présence dans l'échancrure du menton d'une dent bifide, l'ont fait considérer comme un genre particulier, c'est le *Procustes coriaceus.*

Les Calathus et les Amares.—Ces carabiques de

moyenne grosseur, à pieds courts, dont les antérieurs ont, dans les mâles, les tarses dilatés, avec les crochets de tous les tarses dentés en dessous, et qui ont le corps ovale arqué en dessus, le corselet trapézoïde plus large postérieurement, et les palpes filiformes, sont des Calathus. Celui-ci, long de cinq à six lignes, avec les pattes et les antennes jaunâtres, est le Calathe cistéloïde (*Calathus cisteloides*); celui-là d'un aspect différent, long de trois à quatre lignes, à corselet rougeâtre, à élytres et à ventre brunâtres, à pieds jaunes et à tête noire, tire son nom de cette dernière particularité, c'est le Calathe à tête noire (*C. melanocephalus.*)

Ces autres qui en diffèrent par la forme de leur corps, encore plus arrondis, les crochets de leurs tarses simples, leur corselet en forme de demi-cercle aussi large en arrière que les étuis, sont des Amares (*amara*). Celui-ci long de trois lignes, de forme ovale, bronzé en dessus, noir en dessous, à élytres légèrement rayées ou striées, et à pattes noires, est l'Amare trivial (*Amara trivialis*); cet autre d'un tiers moins grand, également bronzé en dessus, mais fauve en dessous, et dont les élytres sont plus fortement striées, est l'Amare commun; ce troisième long de quatre lignes et entièrement fauve, est l'Amare fauve.

Ce joli carabique, long de cinq à six lignes, d'un vert brillant métallique en dessus et noir en dessous, avec des palpes filiformes minces, se nomme le Pœcile cuivreux (*Pœcilus cupreus*); sous ses élytres striées vous ne trouvez pas d'aile, mais en outre de ce caractère il se reconnaît à sa forme plus oblongue, à son corselet presque aussi long que large, tandis qu'il est proportionnellement plus court dans les amares, qui ont des ailes.

La Cicindèle. — Regardez cet élégant coléoptère, long de six à sept lignes, également léger à la course et au vol; tâchez en courant d'en enfermer quelqu'un sous votre filet de gaze. C'est la Cicindèle champêtre (*Cicindela campestris*) qu'un ancien naturaliste nommait le *velours vert* à cause de la couleur veloutée de ses élytres sur chacune desquelles se détachent six points blancs; son corselet et sa tête sont également verts en dessus, et d'un rouge cuivreux en dessous, ainsi que les pattes qui sont longues et bien dégagées; le dessous du ventre est d'un bleu superbe; la lèvre et les mandibules sont blanches en dessus, les antennes sont rouges et les yeux sont très saillants. Tout dans cet insecte doit vous plaire, son odeur même est assez agréable, au contraire de ce que vous avez vu chez les autres carabiques. Notre Cicindèle est le type d'une tribu particulière de carabiques, caractérisée par un petit onglet mobile à l'extrémité des mâchoires. Sa larve se trouve au mois de juillet, mais il est très difficile de la rencontrer à cause de son genre de vie. Elle est longue d'un pouce, hérissée de poils roides, avec la tête noire assez grosse, concave en dessus, très renflée en dessous, et les mandibules très fortes et longues; le premier segment ou anneau du corps, qui deviendra le prothorax, est très large, et, de même que la tête, est noir et écailleux; les deux anneaux suivants sont plus mous, ils portent les deux autres paires de pattes et compléteront le thorax. Les suivants sont blancs et charnus; mais le cinquième de ces anneaux du ventre est plus gros et porte en dessus deux crochets qui lui servent à grimper comme un ramoneur dans des trous longs de six à dix-huit pouces, assez étroits, qu'elle creuse dans les terrains secs et sablonneux exposés au midi; là, arrivée en haut, elle bouche exactement avec sa tête et son prothorax l'entrée du trou; mais lorsqu'un insecte, même plus fort qu'elle, vient à passer sur son trébuchet, elle donne à sa tête un mouvement de bascule, prend le malheureux entre ses longues mandibules, et l'emporte au fond de son trou pour le sucer à son aise, et rejeter ensuite bien loin sa dépouille.

Le Calosome Sycophante. — Avançons dans le bois : levez les mousses, les feuilles sèches, vous allez augmenter encore votre collection de carabes : celui-ci qui traverse le sentier est plus beau que tous les autres ; il a plus d'un pouce de longueur ; ses élytres d'un vert cuivreux, chatoyantes et finement striées, portent trois rangées de petits points enfoncés et forment presque un carré ; son corselet beaucoup plus étroit, en carré transversal, a ses angles arrondis, tandis que nos vrais carabes avaient les angles postérieurs du corselet prolongés en pointe. Comme en outre il possède des ailes et que les carabes en sont dépourvus, on en a fait le genre calosome (de *kalós* beau, et *sóma* corps) ; notre espèce est le *Calosome Sycophante.* Vous savez que chez les Grecs un sycophante était un infâme coquin, cherchant à s'engraisser aux dépens de ceux qu'il dénonçait ; notre calosome si beau a mérité ce nom à cause de la guerre cruelle qu'il fait aux chenilles. Sa larve d'un beau noir velouté, longue de plus d'un pouce, a six petites pattes ; elle est fort agile, et est armée de longues mandibules ; on la trouve assez souvent courant à terre ou sur les arbres, et particulièrement sur le chêne parce que cet arbre nourrit une foule d'espèces de chenilles, et surtout la chenille procession naire dont notre larve fait sa pâture. Quoique souvent plus petite elle-même que ses victimes, elle les perce avec ses mandibules et en dévore plusieurs dans la même journée, mais elle est quelquefois bien punie de sa gloutonnerie, car après s'être ainsi rassasiée avec excès, elle peut à peine se mouvoir et devient à son tour la pâture d'autres larves de sa propre espèce, plus affamées et par suite plus agiles.

Les Chlænies et les Anchomènes. — Approchons de ce ruisseau qui coule rapidement entre les herbes et les pierres, nous devrons faire aussi sur ses bords une abondante récolte de carabes. Levons toutes ces pierres. Nous y trouvons déjà notre petit calathe à tête noire, mais ces superbes carabiques verts satinés, avec une bordure blanche, vous ne les connaissez pas encore : ce sont des Chlœnies (*chlœnius*). Celui-ci, long de six à huit lignes, à corselet brillant, d'un vert bleuâtre, à élytres de la même couleur, striées et couvertes d'un duvet brun court, avec une bordure régulière jaune ainsi que la bouche et les pattes, est le Chlœnie pubescent (*chlœnius velutinus*). Cet autre, qui n'en diffère que par sa taille (cinq ou six lignes) et parce que ses élytres étant beaucoup moins velues sont d'un plus beau vert, est le Chlœnie des champs (*chlœnius agrorum*); celui-ci enfin, de même taille que le précédent, mais d'un vert moins brillant avec une bordure blanche très large et un peu découpée à l'extrémité, est le Chlœnie paré (*chlœnius vestitus*).

Nous avons encore d'autres petits coléoptères de la même famille, mais aux formes sveltes, à tête petite, à corselet en cœur tronqué, moins large que le corps; dans certains individus qui sont les mâles, les tarses antérieurs sont dilatés de même que dans presque tous les carabiques, mais la palette formée par la dilatation de ces tarses est garnie d'une brosse serrée et continue, et les palpes extérieurs sont terminés par un article plus épais en forme de triangle renversé. Celui-ci, large de trois lignes, tout brun, avec le bord des élytres un peu plus pâle, les pieds et les antennes jaunâtres, est l'Anchomène à pieds pâles (*Anchomenus pallipes*). Cet autre un peu plus petit, à tête et corselet vert brillant, à pieds et élytres bruns, et portant une grande tache verte à l'extrémité de chaque élytre, est l'Anchomène vert (*Anchomenus prasinus.*)

Les Harpales et les Ophones. —Mais voici un amas de roseaux secs que le courant a abandonnés sur le bord après la grande crue; c'est une bonne fortune pour nous. Je suis sûr que vous trouverez là-dessous une immense quantité d'insectes carnassiers occupés à dévorer les débris laissés par les eaux. — Les carabiques oblongs à élytres striées avec une petite entaille près du bout, à corselet transverse, rétréci postérieurement, et à jambes épineuses, avec les quatre tarses antérieurs dilatés, sont des Harpales (*Harpalus*) qui forment un genre très nombreux.

Celui-ci, long de six ou huit lignes, noir, avec les élytres et la base du corselet couvertes de petits poils bruns couchés, et les pattes rousses ainsi que les antennes, est le Harpale à antennes rousses (*Harpalus ruficornis*). Celui-ci, un peu plus petit, tout noir, lisse avec des reflets verts et bleus sur le corselet, est le Harpale-Corbeau (*Harpalus corvus*). Celui-là, tout-à-fait noir, fort bombé en dessus, et dont les jambes sont si épineuses, est le Harpale à jambes dentées (*Harpalus serripes*). Ceux-ci, longs de quatre à cinq lignes, verts, cuivrés ou bronzés en dessus, noirs en dessous avec les pieds bruns, sont des Harpales bronzés (*Harpalus æneus*). Cette espèce excessivement commune a reçu aussi le nom de Protée, à cause des nombreuses variétés de couleurs qu'elle présente.

On a distingué des Harpales sous le nom d'Ophones (*Ophonus*), des espèces généralement plus oblongues hérissées de poils très courts, finement pointillées en dessus, avec le corselet plus arrondi. Nous en avons là deux espèces : l'une, longue de trois à quatre lignes, à tête et à antennes rouges, à corselet bleu en dessus, à élytres rouges ou brunes, avec une grande tâche bleue à leur extrémité, est l'Ophone germain (*Ophonus germanus*). L'autre, d'un tiers plus petit, de couleur fauve avec la tête noire, est l'Ophone à col court (*Ophonus brevicollis*).

Les Agonum et les Subulipalpes. — Encore d'autres carabiques : on nomme ceux-ci des *Agonum*, ce qui, en grec, veut dire *sans angle*, parce que leur corselet, peu bombé, est presque rond ; leurs palpes sont terminés par un article ovale ; voici l'Agonum bordé (*Agonum marginatum*) long de quatre à cinq lignes, d'un vert brillant ou cuivré, dont les élytres légèrement striées ont trois points enfoncés et un rebord blanchâtre ; cet autre un peu plus petit, à corselet d'un rouge métallique et à élytres vertes, est l'Agonum modeste ; ce troisième tout noir, à l'exception des élytres qui sont bronzées avec une rangée de points enfoncés près du bord, est l'*Agonum parum punctatum*.

Tous ces petits carabiques enfin à jambe

échancrée en dedans, et dont les palpes ont les deux derniers articles soudés en une masse ovale et terminés en pointe, forment la tribu des *Subulipalpes* dont le nom veut dire palpes en alène. Celui-ci, long de trois lignes, avec les pattes jaunes et deux taches brunes irrégulières sur les élytres, est le Bembidion roussi (*Bembidium ustulatum*); celui-là, d'un noir bleuâtre, très brillant en dessus, noir en dessous avec les pattes jaunes, est nommé le Bembidion strié à cause de ses élytres striées; cet autre, long de deux lignes, à corselet en cœur tronqué, aussi long que large, et plus étroit que la tête, est le Bembidion à pieds jaunes : il est noir verdâtre en dessous, bronzé avec des marbrures rougeâtres en dessus. Ce quatrième, long d'une ligne et demie tout au plus, est bien nommé, comme vous le voyez, le Bembidion à quatre taches (*Bembidium quadriguttatum*).

Malgré l'élégance de leurs formes et le brillant de leurs couleurs, vous ne paraissez pas disposés à pardonner aux carabes leurs appétits carnassiers; cessez pourtant de vous apitoyer sur le sort de leurs victimes, et considérez-les plutôt comme des auxiliaires utiles. Car non seulement ils dévorent une infinité de chenilles et d'autres insectes nuisibles à l'agriculture, mais de plus ils sont chargés par la nature de faire disparaître de la surface du sol les cadavres des animaux, qui sans eux ne manqueraient pas d'infecter l'air. On serait surpris de ne rencontrer que si rarement dans la campagne des oiseaux et d'autres petits animaux morts naturellement, si l'on ne savait combien d'ouvriers ont été préposés à la destruction de ces restes.

LES MANGEURS DE MORTS. — *Les Boucliers.*— J'aperçois précisément dans le chemin une taupe morte, qui semble se rencontrer sous nos pas pour me donner un démenti. — Elle sent déjà mauvais et aucun insecte ne paraît songer à en faire sa pâture, si ce n'est cette grosse mouche bleue qui vient de déposer contre la bouche un paquet d'œufs blancs allongés, d'où naîtront bientôt des larves en forme de vers blancs. Mais soulevons cette taupe avec un bâton. — Oh ! que d'insectes là-dessous ! ils font partie de la tribu des Mangeurs de morts ou des Sylphales, dans la grande famille des *Clavicornes.* Voilà trois espèces de Boucliers ; l'un est le Bouclier lisse (*Silpha lævigata*) long de six lignes et large de trois, d'un noir luisant très pointillé, avec le corselet beaucoup plus étroit en devant, et les élytres sans lignes élevées ; l'autre est le Bouclier obscur, également grand, d'un noir obscur avec le corselet tronqué en devant, les élytres plus profondément ponctuées, portant trois lignes saillantes. Le troisième est le Bouclier sinué, long de quatre à cinq lignes seulement, plus aplati, d'un noir mat en dessus et luisant en dessous ; le corselet est raboteux, couvert de poils très courts, et les élytres qui paraissent entaillées à l'extremité ont trois lignes élevées, très saillantes, et un rebord en gouttière. Ils travaillent tous à l'œuvre de destruction.

Le Nécrophore fossoyeur. — Mais voyez ce bel insecte qu'on nomme le Nécrophore fossoyeur, long de huit à neuf lignes, noir, avec deux bandes orangées crénelées sur ses élytres qui sont coupées carrément à l'extrémité : il a plus de part encore à l'exploitation de la taupe ; c'est lui qui, en compagnie de plusieurs camarades, a creusé la terre sous le cadavre ; il l'a déjà à moitié enterré en amassant tout autour les déblais de sa fouille. Il ne faut pas plus de cinq à six heures à trois ou quatre de ces fossoyeurs pour enterrer complétement une taupe, dans laquelle ils déposent leurs œufs, d'où naîtront des larves blanchâtres, à six pattes, et ayant une plaque écailleuse sur chacun de leurs anneaux. On a observé que ces nécrophores sont attirés de fort loin par l'odeur d'une taupe ou d'un autre petit animal qui vient d'être tué; j'en ai vu souvent dans des chemins traîner à trois ou quatre un petit serpent mort, un lézard ou un mulot pour l'amener sur un terrain où la fouille pût être pratiquée. Voici d'autres insectes qui ne prendraient pas la peine d'enterrer leur proie; celui-ci, long de trois lignes, noir, oblong, avec la base des élytres cendrée et ponctuée de noir, c'est le Dermeste du lard, dont la larve brune et soyeuse s'accommode également de toutes les substances animales sèches ou en putréfaction, ainsi que celle du Dermeste souris (*dermestes murinus*), qui est un peu plus petit, noir, mais couvert en différents endroits de poils courts, roux ou gris, qui le font paraître nuageux. Le dessous du corps paraît tout blanc, à cause des poils dont il est couvert. Enfin, ces insectes noirs, luisants, si allongés, qui cherchent à fuir dans toutes les directions, vous les connaissez déjà : ce sont des Brachélytres, dont nous aurons à reparler encore.

Sixième Promenade.

(10 MAI.)

LES BRACHÉLYTRES. — LES HÉMIPTÈRES. — LES TAUPINS. — L'INONDATION.

La campagne nous offre de tous côtés des trésors à recueillir : les fleurs du printemps, avec tous les insectes dont elles sont la nourriture ou l'habitation, et les autres insectes dont ceux-ci devront être la proie, vont se rencontrer à la fois sous nos pas. Déjà les arbres fruitiers commencent à quitter leur parure de fleurs, mais les lilas sont encore brillants de fraîcheur, et l'aubépine, avec son doux parfum, épanouit ses premiers bouquets, gracieux symbole du mois de mai ; les prairies sont émaillées des vives couleurs de la renoncule, si bien nommée bouton-d'or, de la marguerite, des orchis, du lychnis élégant aux pétales déchiquetées, et de cent autres fleurs ; les trèfles se colorent de pourpre, et dans les bois, au pied des chênes et des châtaigniers à la floraison tardive, nous verrons les jolies fleurs bleues des véroniques, les clochettes des campanules, et la parure si riche de la digitale.

Pour le lieu de notre excursion, nous n'aurons vraiment que l'embarras du choix : là des bois, ici des prairies, plus loin les bords si fertiles du ruisseau avec leur double végétation, et les animaux si variés qui abondent dans les eaux ; d'un autre côté, les pelouses sèches sur le penchant du coteau, et les talus sablonneux dont les habitants sont tout différents ; nous aurions aussi à visiter les grèves de la rivière et les pierres du rivage, sous lesquelles tant d'insectes carnassiers ont trouvé un asile : nous voudrions profiter à la fois des richesses qui nous sont offertes sur tous les points ; il faut pourtant choisir : allons aujourd'hui dans le voisinage de ce bois, notre récolte se fera sur le bord du taillis, sur les haies et sur les luzernes, sur les trèfles, sur les champs de vesce bientôt fleuris.

Rassemblons tout notre équipement de chasse, nos filets, notre nappe, notre ciseau, nos boîtes et nos flacons ; emportons une ample provision d'épingles, car notre récolte aujourd'hui sera

la plus abondante que nous ayons jamais
faite.

LES BRACHÉLYTRES. — *Le Staphylin odorant.* — Tout le long du chemin nous avons
soulevé les pierres pour retrouver les carabes
que nous avons déjà et pour en découvrir quelques autres ; nous avons déjà recueilli beaucoup
de Brachélytres : mais en voici un plus gros
que tous les autres qui traverse le chemin ;
prenez-le, il nous mettra à même de préciser les
caractères de cette famille.

Cet insecte noir, long de plus d'un pouce
et large de deux ou trois lignes, se sauve
avec vitesse ; il relève l'extrémité de son abdomen d'où sortent de petites pointes et paraît vous
menacer d'un aiguillon qu'il n'a pas. Vous pouvez donc le prendre sans crainte d'être piqués,
mais il répand une odeur forte et pénétrante qui
s'attache aux doigts et qui l'a fait nommer le
Staphylin odorant ; comme tous les brachélytres
il a les étuis ou élytres beaucoup plus courts que
le corps, et cependant il y a au-dessous deux ailes
fort grandes repliées en travers, ce qui est un
caractère commun à tous les coléoptères pourvus
d'ailes. Ses antennes sont en chapelet, ses mâchoires sont grandes et ne portent qu'une paire
de palpes, de sorte qu'il n'y a que quatre palpes

en tout. Cette grande mobilité de son abdomen n'a pas seulement pour objet d'effrayer ses ennemis, elle lui sert aussi à faire rentrer ses ailes sous les élytres.

Vous avez trouvé tout à l'heure sous une pierre le Staphylin à élytres rouges (*Staphylinus erythropterus*), d'un quart plus petit, et bien reconnaissable à la couleur rougeâtre de ses étuis, de ses pieds et de la base des antennes, tandis que tout le reste du corps est noir, sauf quelques touffes de poils dorés sur les anneaux de l'abdomen. Le Staphylin gris de souris (*Staphylinus murinus*) que vous avez trouvé l'autre jour sous la taupe morte, est encore un peu plus petit ; il n'a que cinq à six lignes de longueur ; sa tête, son corselet et ses étuis sont bronzés, luisants, avec des taches obscures ; son abdomen est noir. Ce sont les poils gris nombreux formant des ondes grises sur son dos qui lui ont fait donner son nom.

Les Xantholins. — On n'a conservé le nom de staphylin qu'à ceux qui ont la tête séparée du corselet, le labre fendu et les palpes filiformes. Ceux-ci, qui n'en diffèrent que par leur forme plus effilée, par leurs antennes plus rapprochées à la base et fortement coudées, sont des Xantholins ; vous remarquez le *xantholinus fulgidus*, long de six à sept lignes, noir brillant, avec les étuis, les pieds et l'extrémité de l'abdomen rougeâtres. Une deuxième section de brachélytres, celle des longipalpes, comprend des espèces très effilées, vivant au bord des eaux, et qui ont les palpes très longs terminés en massue, la tête entièrement dégagée et le labre entier ; ce sont les pœdères. Une troisième section est caractérisée par des palpes très courts, par des jambes épineuses et par des tarses susceptibles de se replier sur la jambe, ayant les quatre premiers articles très courts et peu distincts ; elle comprend le genre *oxytèle*, extrêmement nombreux en petites espèces. Une autre section des brachélytres comprend ceux qui sont aplatis ; ils ont la tête dégagée, assez large, le labre entier, les palpes courts et les jambes sans épines ; ce sont des *omalium*, reconnaissables à leur corselet carré et à leurs palpes en fil, et des *alcochara* qui ont au contraire les palpes terminés en alène et le corselet ovale ; vous en distinguerez plus de vingt espèces, vivant presque tous dans les vieux champignons, dans les bouses de vache ou dans la terre sablonneuse sous les corps en putréfaction. En soulevant la terre sous ces corps, vous voyez courir des *alcochara picea*, longs d'une ligne et demie, d'un noir mat, et dont le corselet présente trois lignes saillantes. Enfin les brachélytres à petite tête enfoncée dans le corselet forment une tribu particulière; leur corps est moins allongé et se rapproche davantage de la forme ovale; leurs élytres recouvrent souvent plus de la moitié de l'abdomen; ce sont les *Loméchuses* qui ont les jambes sans épines, les antennes courtes, en massue, et les palpes terminés en alène; les *Tachines*, qui ont au contraire les jambes épineuses, les antennes renflées vers le bout, et les palpes filiformes, et enfin les *Tachypores*, qui ne diffèrent de ceux-ci que par leurs palpes terminés en manière d'alène. Vous en possédez déjà plusieurs que vous avez pris au vol, ou sur les fleurs; d'autres se trouvent aussi dans les fumiers et sous les pierres; ils sont tous très petits, brillants, noirs ou rougeâtres.

Les insectes pris en fauchant.— Occupons-nous maintenant à promener d'une main ferme sur les touffes d'herbes au bord des champs et des haies, et sur les haies mêmes, notre filet de canevas, en ayant soin de l'incliner d'un côté à l'autre pour empêcher notre capture de s'échapper. Bientôt nous pourrons en trier le produit.

Les Longicornes.— Vous y trouvez principalement des insectes vivant sur les plantes. Les uns, couverts d'étuis solides et allongés, sont remarquables par la longueur de leurs cornes ou an

tennes, ce sont des *Longicornes* ou Capricornes ;
d'autres, également revêtus d'étuis solides, ont
le corps plus court, arrondi, mais le bec d'une
longueur démesurée : ce sont les Porte-bec, appelés autrefois les Charançons. Remarquez celui-
ci avec son riche vêtement de pourpre à reflets
métalliques, c'est le *Rhynchites Bacchus*; il se
pose souvent sur l'épine blanche ou l'aubépine
en fleurs, et avec lui se rencontrent quelquefois
de jolis longicornes gris variés de noir, la *Lamia
curculionoïdes*, le *Pogonocharus hispidus*, etc.
Vous avez aussi des coccinelles, bien reconnaissables à leur forme hémisphérique, à leurs étuis
durs et luisants, et à leurs couleurs vives et tranchées ; leurs noms sont faciles à retenir ; celle-ci,
d'un beau rouge, comme une perle de corail avec
sept points noirs, est la Coccinelle à sept points ;
cette autre, moitié plus petite, est la Coccinelle à
deux points ; cette autre, jeune encore et à peine
aussi grosse qu'un grain de chénevis, est la Coccinelle à vingt points, ainsi nommée à cause du
nombre des petits points noirs que vous comptez
sur ses étuis.

Les Clytus. — Ces jolis insectes allongés, à
formes sveltes et gracieuses, ornés de bandes
jaunes sur un fond noir velouté, ce sont des *Clytus*; leur corps presque cylindrique, leurs

longues antennes, les rapprochent beaucoup des capricornes, dont ils sont distingués par leur corselet arrondi en boule. Vous en avez pris plusieurs sur des troncs d'arbres, c'est que leurs larves, en effet, vivent sous les écorces; elles sont blanches, aplaties, armées de fortes mâchoires. Ces insectes, après avoir vécu plus d'une année sous cette forme de vers, vivent seulement pendant quelques semaines sous leur dernière forme; ils se nourrissent alors du pollen et du nectar des fleurs.

Le Méloé.—Ramassez cet insecte noir-bleuâtre sans ailes qui marche lentement à travers la route, c'est un Méloé; il est bien reconnaissable à son abdomen mou, gonflé, et que recouvrent à moitié seulement des élytres molles sous lesquelles on ne trouve pas d'ailes. — Vous ne pouvez le rapporter à la famille des brachélytres, car tous ceux-ci ont des ailes, et notre méloé n'en a pas; ils sont bien plus agiles, bien plus sveltes, leur corps étroit et aplati est solidement cuirassé par des anneaux résistants et coriaces, et d'ailleurs ils ont cinq articles à tous les tarses; notre méloé en a bien cinq aux quatre pieds de devant, mais il n'en a que quatre aux pieds de derrière. Ce caractère et la forme de sa tête et de son corselet presque en boule, le rapprochent beaucoup des cantharides qu'on emploie en médecine. Comme elles aussi, il fait sortir par ses genoux une liqueur jaune, vénéneuse, qui pourrait produire des vésicatoires.

Pendant long-temps on a ignoré les métamorphoses du méloé; mais on admet aujourd'hui que dans le premier âge ou à l'état de larve, il vit parasite sur diverses espèces d'abeilles; aussi avait-on nommé autrefois cette larve encore très jeune, *pou de l'abeille*.

La Hispe et la Casside. — Remarquez ce petit insecte oblong, noir, épineux, long d'une ligne et demie., qui s'est laissé tomber et qui fait le mort, c'est la *Hispa atra* que Geoffroy avait nommée la *Chataigne noire* pour exprimer comment il est hérissé de petites épines; il vit sur le gazon et sur les autres herbes le long des chemins; en fauchant sur cette touffe, nous en avons pris plusieurs. Si vous regardez à la loupe vous verrez que ses pattes ont seulement quatre articles aux tarses, et que les trois premiers de ces articles sont élargis et garnis de pelottes en dessous; les antennes courtes, formées de grains arrondis presque égaux, sont insérées très près l'une de l'autre entre les yeux et dirigées en avant. Voilà précisément une Casside verte (*Cassida viridis*), qui, malgré la différence de forme, nous montre les mêmes caractères. On dirait une écaille verte large d'une ligne et demie, ou une petite coque aplatie comme une lentille, car les bords élargis du corselet et des élytres ne laissent voir ni tête, ni pattes, mais, par-dessous, elle montre un corps noir, presque semblable à celui de notre Hispa.

L'Écume printanière et la Cercope. — Ces petits amas d'écume blanche qu'on nomme *Écumes printanières* ou *Crachat de grenouille*, et qu'on prendrait en effet pour de la salive, servent d'habitation à la larve d'une petite cigale du genre *cercope*, qui se nourrit du suc des herbes pendant que ce suc est encore très abondant et aqueux. Il n'y a qu'à écarter un peu cette écume pour s'en assurer; et ce fait même est connu de certaines guêpes qui savent arracher de cette singulière retraite la petite larve dont elles font des provisions pour leur progéniture. Notre jeune larve de cercope est revêtue d'une peau jaunâtre, molle, trop délicate pour rester exposée à l'air; si vous la privez de son abri, elle se met aussitôt en devoir de le refaire, et pour cela elle fait sortir par l'extrémité postérieure de son corps un grand nombre de petites bulles d'air formées par un liquide un peu visqueux, et qui s'agglutinent et s'arrangent les unes contre les autres, de

manière à former ces amas d'écume. C'est sous
ce même abri, desséché et changé en une pellicule mince, unie, transparente, que l'insecte subit
ses deux dernières métamorphoses; il n'en sort
en la perçant qu'après avoir acquis des ailes;
c'est alors ce petit insecte sauteur, long de deux
lignes à peine, brun avec deux taches blanches
sur les élytres près du bord, qu'on nomme la
Cercope écumeuse (*Cercopis spumaria*). La
forme singulière de sa tête sans palpes et sans
mâchoires, la petitesse extrême de ses antennes,
vous montrent bien que ce n'est pas un coléoptère. — Voilà précisément une autre espèce plus
grosse de cercope, nous l'étudierons plus aisé·
ment, c'est la Cercope ensanglantée ou la *Cigale
à taches rouges* (*Cercopis sanguinolenta*); elle
est longue de quatre lignes, noire, avec six taches
rouges sur les étuis, et elle saute avec prestesse
quand on veut la prendre. Elle a un bec ou une
trompe pointue partant de la partie la plus inférieure de la tête, et ce caractère la fait placer
dans l'ordre des Hémiptères; mais la forme de
ses élytres en toit et leur consistance partout la
même ou homogène, ont fait établir une section particulière, celle des *Homoptères*, pour
placer avec les cigales nos cercopes et beaucoup
d'autres petits insectes sautant comme elles, et

réunies autrefois sous le nom de Cicadelles. Un caractère commun aux femelles des homoptères, c'est d'avoir sous l'abdomen une tarière écailleuse, ordinairement composée de trois lames dentelées comme des limes; cette tarière logée dans une coulisse leur sert à faire des entailles dans l'écorce tendre des végétaux pour y déposer leurs œufs.

On comprend dans une même famille sous le nom de *Cicadaires*, tous ceux qui ressemblent plus ou moins aux cigales. Ils ont trois articles aux tarses, des antennes très petites en forme d'alène, et se distinguent en plusieurs sections suivant le nombre des yeux lisses et des articles de leurs antennes; nos cercopes n'ont que deux yeux lisses, et leurs antennes formées de trois articles seulement sont insérées entre les yeux. Leur tête est très inclinée ou rabattue par devant et prolongée sous la forme d'un chaperon demi-circulaire.

LES HÉMIPTÈRES HÉTÉROPTÈRES. — *Les Punaises des champs.* — Nous avons là plusieurs espèces de punaises qui nous serviront à indiquer les autres divisions de l'ordre des hémiptères. Regardez cette punaise grise, tenant au bout de sa trompe un petit insecte qui s'agite encore pendant que son ennemi pompe son sang ; c'est le Corée bordé (*Coreus marginatus*), long de six lignes, d'un bleu roussâtre-clair, avec les côtés de l'abdomen élargis et formant une bordure rougeâtre en dehors des élytres. Ce corée, comme toutes les espèces voisines, se nourrit ordinairement en pompant le suc des plantes, mais quand il trouve l'occasion d'enfoncer sa trompe au défaut de la cuirasse de quelque petit coléoptère, il perce sa victime et la tient levée en l'air pour l'empêcher de s'échapper en se cramponnant aux feuilles. Notre Corée a une forte odeur de pomme ; ses antennes sont formées de quatre articles dont le dernier plus gros et plus court ; ces autres punaises vertes et grises, longues de quatre à cinq lignes et larges de trois, dont l'odeur est si repoussante, ont des antennes de cinq articles ; c'est pourquoi on en a fait le genre *Pentatome*, dont le nom veut dire en grec cinq sections.

Le Pentatome gris (*Pentatoma griseum*), présente une particularité assez curieuse, ainsi que la Pyrrhocoris : il garde et conduit ses petits comme une poule conduit ses poussins.

Les Lygées et les Miris. — On nomme Lygées ces autres punaises à corps étroit, oblong, et qui ont les antennes formées de quatre articles, dont le dernier plus long et en fil ; cette espèce, qui est la Lygée équestre (*Lygeus equestris*), est remarquable par sa coloration ; elle a cinq à six lignes de long et deux lignes de large ; sa tête est rouge avec les yeux et les antennes noirs ; son corselet est rouge avec une bande noire en avant ; les élytres, qui sont rouges aussi, ont au milieu une bande noire veloutée transverse et sinuée, et plusieurs taches blanches sur la partie membraneuse, qui est brune. — Ces petites punaises de couleur variée, à étuis plus mous, à antennes graduellement amincies, sont des *Miris;* celle-ci, longue de trois lignes et large d'une ligne, oblongue, noire, avec des lignes jaunes sur le corselet et sur les étuis, est le *Miris striatus;* celle autre un peu plus petite, toute verte, avec les yeux bleus, est le *Miris pabulinus*. Voilà d'autres punaises au corps très étroit, allongé, verdâtre, aux antennes coudées, ce sont des Néides ; elles se trouvent très communément dans les prés ; ses longues pattes, minces comme des cheveux, ont fait nommer celle-ci la *Néïde tipulaire*, par comparaison avec les diptères à longues jambes, qu'on nomme des tipules.

Les Réduves. — Toutes ces punaises ont la trompe droite, très longue, renfermée dans une gaine formée de quatre articles ; elles font partie de la section des *Hétéroptères*, comprenant les hémiptères à étuis coriaces vers la base, et membraneux vers l'extrémité ; chez eux, le premier segment du tronc, ou le prothorax, est plus grand que les deux segments suivants, et forme un corselet comme chez les coléoptères, tandis que chez les homoptères les trois segments ou anneaux du thorax sont réunis en une seule masse. Les punaises terrestres de la section des hétéroptères ont toujours les ailes presque horizontales et les tarses composés de trois articles ; mais toutes n'ont pas la trompe aussi longue. En voici qu'on nomme des *Réduves* qui ont une trompe courte, recourbée en manière de bec, aussi sont-elles exclusivement carnassières. Voici le Réduve annelé ; il est long de cinq à six lignes et large d'une ligne et demie, noir, tacheté de rouge sur les côtés de l'abdomen, qui débordent les étuis, et sur les pattes. Un caractère commun à tous les réduves, c'est d'avoir la tête rétrécie en arrière en forme de cou.

LES INSECTES SAUTEURS. — *Les Altises.* — Vous trouvez en abondance sur ces champs de colza ou de navets des petits coléoptères sauteurs qu'on nomme des *altises ;* ils sont un des fléaux de l'agriculture, et l'on n'a guère trouvé jusqu'à présent d'autre moyen pour affaiblir le mal qu'ils peuvent causer, que de faire dans tout un canton les semailles au même instant; alors toutes les jeunes plantes ayant levé en même temps, les altises, au lieu de se réunir pour dévaster un champ après un autre, se trouvent disséminées sur un grand espace, et leurs ravages sont moins sensibles. Il faut observer toutefois que cet insecte ne s'attaque qu'aux plantes crucifères, comme le choux et le navet; aussi l'a-t-on nommé l'*Altise potagère* (*altica oleracea*). Il est long d'une ligne et demie à deux lignes, d'une belle couleur verte ou bleue, métallique; ses antennes sont minces, allongées en fil; ses tarses n'ont que quatre articles, et ses cuisses postérieures sont très gonflées et lui servent à sauter comme celles des sauterelles et des puces : aussi le nomme-t-on quelquefois *puce des jardins*; vous remarquez sur son corselet une ligne enfoncée comme sur celui des galléruques, qui font également partie de la famille des *cycliques*. Ces insectes déposent, sur les plantes qui les nourrissent, des œufs d'où sortent des larves allongées, molles, à six pattes, qui, arrivées au terme de leur développement, se fixent par l'extrémité de l'abdomen, se changent en nymphes, et quinze jours après deviennent des altises. En passant votre filet sur les branches de saule, vous avez pris l'*Altise rubis* (*Altica nitidula*), un peu plus petite, verte, avec la tête et le corselet d'un rouge doré, et les pieds fauves. Nous avons déjà piqué sur nos liéges un grand nombre d'autres espèces d'altises, les unes noires ou bronzées, les autres jaunes ou mélangées de jaune et de noir; voici l'Altise des bois (*Altica nemorum*), bien reconnaissable à la bande jaune longitudinale qui tranche sur le noir brillant de chacun de ces élytres; excepté les pieds, qui sont jaunâtres, elle a tout le reste du corps noir; elle n'a guère plus d'une ligne de longueur.

Les Taupins. — Vous venez de trouver des coléoptères bruns, allongés, qui ont pour sauter un tout autre moyen que les altises et les cercopes, ce sont des Taupins, nommés en latin *Elater*. Comme beaucoup d'autres coléoptères, ils paraissent morts quand on vient de les prendre; mais placez-les sur le dos, ils ne vont pas tarder à s'élancer en l'air comme par un ressort qui se détend, et en produisant un petit bruit sec qui ferait croire que les pauvres insectes viennent de se briser. Cette particularité, remarquée tout d'abord par les enfants, qui aiment à s'en amuser, a fait nommer communément nos insectes des *sauteriots*, des *maréchaux* ou des *casse-cou*. En les plaçant sur la main étendue et en les observant pendant qu'ils se préparent à sauter, vous reconnaîtrez le mécanisme qu'ils emploient : une pointe en stylet, située à l'extrémité postérieure de l'avant-sternum et susceptible de s'enfoncer dans une cavité de la poitrine, en est tirée quand l'insecte courbe le corselet en arrière ; alors il appuie fortement cette pointe contre le bord du trou, et tout-à-coup la faisant glisser dans le trou, il se courbe brusquement en sens inverse, et il en résulte, sur le plan qui le supporte, un choc qui seul détermine le saut. Ils sont heureux, nos taupins, d'avoir ce moyen de se remettre sur leurs pieds, car leurs membres sont si courts et leur corps effilé est si roide, que sans cela ils n'eussent jamais pu se relever.

Les Taupins se tiennent sur les fleurs, sur les plantes et même à terre parmi le gazon ; il en est d'autres qui se trouvent dans les troncs d'arbre contenant du terreau où leur larve a vécu. Une espèce particulière, le Taupin strié, se trouve dans les champs de blé ; sa larve mange la racine de cette céréale et peut devenir fort nuisible quand elle se multiplie beaucoup. Ces insectes ont cinq articles aux tarses et les antennes en fil ou dentelées d'un côté ; ce sont donc des coléoptères pentamères de la famille des Serricornes ; mais les diverses particularités de leur structure en font une section bien distincte, celle des *Sternoxes*, dont le nom veut dire *sternum en pointe*. Vous reconnaîtrez le Taupin gris de souris (*Elater murinus*), parce qu'il est plus large et couvert de poils courts formant des ondes grises ; sa longueur est de six lignes, ses pieds sont roux. Cet autre, long de cinq lignes et large d'une ligne et demie, est le Taupin châtain (*elater castaneus*) ; son corselet est rougeâtre, couvert d'un duvet court, et l'extrémité de ses élytres est noire. — Ces petits insectes d'un vert doré de même forme que les taupins, mais ne sautant pas comme eux, se nomment des Buprestes ; on en trouve dans les pays chauds des espèces longues de plus d'un pouce, et richement ornées des teintes les plus brillantes ; c'est pour cela qu'on les nommait autrefois les Richards.

Les araignées. — *L'araignée-loup.* — Cette araignée noire qui s'en va transportant dans un sac blanc les œufs destinés à propager sa race, mérite bien d'exciter notre attention par le tendre attachement qu'elle a pour sa couvée. Si on l'attaque, si on lui fait lâcher ce précieux fardeau, elle revient aussitôt le chercher ; elle ne file jamais de toile ; elle poursuit sa proie à la course, et n'a pas d'autre retraite que l'intervalle entre deux mottes de terre ou sous une pierre. Cette manière de chasser l'avait fait nommer *araignée-loup*, et c'est du mot grec *lycos*, loup, qu'on a fait le nom de Lycose par lequel on désigne ce genre d'araignées coureuses. A ce même genre appartient la Tarentule, si fameuse par les récits extravagants qu'on a faits sur les moyens curatifs employés contre sa morsure. Il faut, disait-on, pour guérir la blessure mortelle qu'elle a causée, il faut distraire le malade par le son des instruments, et quand l'effet de ce remède commence à opérer, le malade s'élance et se met à danser jusqu'à ce qu'il en résulte une transpiration salutaire et une fatigue extrême qui amène le sommeil.

La Lycose est, comme toutes les autres araignées, pourvue de filières à l'extrémité du ventre; ce sont quatre mamelons velus, laissant sortir par des trous imperceptibles autant de petits fils qui se réunissent en un seul. Ces fils proviennent d'une liqueur glutineuse qui se dessèche promptement à l'air, mais ils peuvent se coller ensemble à leur sortie.

L'INONDATION. — Pour terminer notre promenade, approchons de cette rivière dont les eaux débordées couvrent peu à peu la prairie; c'est une occasion précieuse pour trouver une foule d'insectes que l'inondation a fait fuir. En voyez-vous quelques uns qui, pour échapper au déluge, sont grimpés sur des débris entraînés par le courant; ils viennent échouer sur les bords, et nous pourrons sans peine faire une récolte des plus abondantes; voilà des coléoptères de diverses familles, des araignées, des mouches, des hémiptères en grand nombre. Mais voici quelque chose de bien plus rare.

La Raphidie. — Cette petite mouche à quatre ailes, c'est la Raphidie, de l'ordre des névroptères, et la seule de tout cet ordre qui ait quatre articles aux tarses; sa forme bizarre suffit bien pour la distinguer: sa tête est noire, allongée en forme de cœur, et ne tient que par sa pointe rétrécie en arrière au corselet ou prothorax qui est long, étroit, presque cylindrique, de sorte que la tête semble être portée à l'extrémité d'un long cou mobile. Elle a d'ailleurs des antennes courtes, des mâchoires jaunâtres et quatre palpes bien distincts; elle a six lignes de longueur; ses ailes posées en toit sont transparentes et comme couvertes d'un réseau noir très fin.

C'est un grand hasard qui nous fait trouver ainsi cet insecte rare. Il vient sans doute de quelque forêt d'où les torrents formés par la dernière averse l'auront apporté jusqu'à la rivière. Car c'est dans les forêts que vit sa larve, ressemblant à un petit serpent qui cherche sa proie dans les gerçures des vieilles écorces.

La Mantispe, également rare, qu'on trouve au mois d'août le long des charmilles, ressemble à la raphidie, mais elle est deux fois plus grande; ses pattes antérieures sont recourbées comme un fort crochet ou comme une pince pour saisir sa proie; elle a cinq articles aux tarses.

Septième Promenade.

(25 MAI.)

LES GRILLONS. — LA COURTILLÈRE. — LES LAMELLICORNES. — LES CHENILLES.

LES GRILLONS. — On a raison de dire que l'eau va toujours à la rivière, vous avez pu reconnaître la justesse de ce proverbe pour votre collection ; quand on a su que vous vous en occupiez, on vous a apporté de gros coléoptères, des papillons, des courtillères et d'autres insectes que vous auriez peut-être cherchés long-temps, car c'est le hasard seul qui les fait trouver. Il est donc heureux pour nous qu'ils aient, par la singularité de leurs formes, excité l'attention des personnes qui les ont trouvés.

Le Grillon domestique. — Vous aviez déjà le petit Grillon domestique, cet hôte fidèle de la chaumière du laboureur ; son cri aigu, qui l'a fait nommer aussi le *cricri*, indique sa présence dans les cheminées de cuisine, dans les boulangeries, mais il est difficile de le saisir, car il se cache au fond des trous de la muraille, et s'il arrive à l'entrée pour répondre au chant d'un de ses compagnons, il est toujours prêt à rentrer dans sa retraite profonde; c'est la nuit, en pénétrant tout-à-coup avec de la lumière dans un lieu où il y en a beaucoup, qu'on est sûr de le surprendre courant par terre pour chercher des vivres en compagnie avec les blattes, qui sont comme lui des insectes de l'ordre des orthoptères. Il est long de huit à dix lignes et large de trois, d'une couleur brunâtre claire; sa tête, grande et arrondie, est aussi large que le corselet; ses mandibules sont grosses et massives, inégalement dentées; ses antennes sont longues, amincies en forme de soie, et se composent d'un très grand nombre d'articles peu distincts; ses palpes sont assez longs, en forme de fil; son corselet est grand, convexe et sans rebord; ses élytres sont d'un tiers plus courtes que l'abdomen, et se replient à angle droit sur les côtés; remarquez bien comment celles du mâle, qui seul a la faculté de chanter, au lieu d'être lisses et régulièrement veinées en long et obliquement comme celles de la femelle, sont inégales, raboteuses et, pour ainsi dire, chiffonnées.

C'est en se frottant l'une l'autre avec vitesse qu'elles font entendre le son aigu qu'on appelle le cri du Grillon. Vous aurez occasion de reconnaître par la suite que les cris des divers insectes sont produits par des moyens tout différents de la voix ou du chant chez les mammifères et les oiseaux, ou même du sifflement chez les reptiles.

Les ailes de vos grillons sont beaucoup plus longues que les élytres ; elles sont pliées en éventail comme celles des autres orthoptères, et quand l'animal est en repos elles ne montrent à l'extérieur qu'une bande coriace étroite formant le premier pli et dépassant de beaucoup l'extrémité du ventre. Deux longs filets poilus presque aussi longs que l'abdomen terminent le corps et forment une double queue ; la femelle porte en outre une tarière droite, écailleuse, de même longueur, en forme de stylet, pour déposer ses œufs; cette tarière est composée de deux pièces creusées en gouttière et formant par leur réunion un canal au moyen duquel les œufs sont déposés dans la terre. C'est avec leurs pattes postérieures, plus longues et plus fortes, que les grillons peuvent sauter à la manière des sauterelles.

La Taupe-grillon. — Les courtillères (*Grillus talpa*) qu'on nomme aussi des *taupes grillons* à cause de l'organisation singulière de leurs pieds

de devant qui leur servent à creuser la terre
comme des taupes, sont regardées comme des
espèces du même genre que les grillons. Cela
paraît d'abord surprenant, car la forme générale
de ces deux insectes est bien différente; mais en
y regardant de plus près on voit que les antennes
et toutes les parties de la bouche sont absolument
semblables; de même aussi l'on trouve chez la
courtillère des élytres plus courtes que la moitié
de l'abdomen qui est terminé par deux filets et
des ailes plissées en éventail, et cachées par le
premier pli qui est plus coriace, long, et recourbé
au bout de manière à figurer un long filet. L'aspect de la courtillère est vraiment hideux, et il
faut être animé par l'amour de l'histoire naturelle pour ne pas éprouver de répugnance quand
on voit cet insecte pour la première fois : il est
brun-roussâtre, long de dix-huit à vingt lignes et
large de quatre, et présente dans cette dimen-
sion un assemblage bizarre de parties qu'on dirait empruntées à d'autres formes : une tête de sauterelle est à moitié enfoncée dans un corselet d'é-
crevisse qui supporte deux mains de taupe, et que
suit un long abdomen, mou, terminé par deux
filets et accompagné d'ailes de grillon. Il est encore plus nuisible qu'il n'est laid; non pas qu'il
puisse faire du mal quand on le prend avec la

main, mais il sillonne en tous sens la terre des potagers pour dévorer les racines des melons, des laitues et des autres plantes; aussi est-il grandement redouté par les jardiniers qui ont imaginé divers moyens pour le détruire. Un des moyens que j'ai employés moi-même consiste à enfoncer à fleur de terre au bord des plates-bandes des vases à moitié pleins d'eau; j'y trouvais chaque matin des courtillères qui s'étaient noyées en courant, et avec elles je trouvais aussi des carabes, des staphylins et beaucoup d'autres insectes; sans compter les mulots, les souris et les musaraignes, qui ne pouvaient s'échapper si les bords du vase étaient assez hauts.

La courtillère sait se creuser un trou dans une terre un peu ferme; ce n'est qu'après le coucher du soleil et pendant la nuit qu'elle quitte sa retraite; elle fait entendre alors un cri très perçant, et on peut la surprendre en la cherchant avec une lumière.

La femelle n'a point de tarière, elle enferme ses œufs, qui sont très nombreux, dans une boule de terre bien fermée et dont elle prend soin, dit-on, en la transportant alternativement dans sa caverne et à la surface du sol pour leur procurer un degré convenable de chaleur et d'humidité.

LES LAMELLICORNES. — *Le Cerf-volant.* — Ce

gros coléoptère, si bien nommé le *Cerf-volant* (*lu-canus cervus*), à cause de ses mandibules exces-sivement développées en manière de cornes ra-meuses, est très commun dans les grandes forêts de chênes. Là se trouve aussi sa larve, sorte de ver blanc à six pieds et à tête dure, écailleuse, qui vit dans les racines des vieux arbres, et qui, sans doute, est un de ceux que les Romains nom-maient *Cossus*. La forme si singulière de cet in-secte a excité de tout temps l'attention des gens de campagne, qui ont imaginé que la tête du cerf-volant devait avoir des propriétés surnatu-relles; ils la portent souvent dans leur poche comme un talisman. Vous-mêmes, vous voyez avec surprise ces cornes brunes, dentelées, insé-rées aux angles d'une large tête carrée, s'ouvrant et se fermant comme une tenaille. Votre insecte est à moitié mort, et vous pouvez sans danger placer le doigt entre ses cornes, mais il n'en serait pas de même s'il était plein de vie. Cet au-tre insecte qui, avec un corps tout semblable, porte une tête et des mandibules de grosseur rai-sonnable, c'est la femelle de votre cerf; on la nomme communément la *Biche*, par comparaison avec le quadrupède de ce nom. Le rappro-chement de ces deux insectes vous fait bien voir que les cornes du premier ne sont que des mandibules très agrandies. — On se demande à quoi bon des armes si redoutables pour un insecte d'un naturel si pacifique, et qui ne peut même pas dévorer des feuilles, car ses mâchoires sont deux lanières velues qui ne lui servent qu'à sucer le nectar des fleurs ; c'est un des mille *pourquoi* qui restent encore sans réponse ; à moins qu'on ne dise qu'elles lui servent à s'accrocher aux branches et aux feuilles auxquelles ses pieds seuls ne le fixeraient pas assez solidement, tant il est gros et pesant.

Il n'est pas besoin d'une loupe pour voir que ses tarses ont cinq articles, et que ses antennes sont terminées par une sorte de peigne que forment les derniers articles prolongés latéralement en petits feuillets ; cette disposition des antennes, jointe à plusieurs autres caractères, a fait établir pour eux une tribu particulière, celle des *Lucanides*, parmi les Lamellicornes. Il y a des cerfs-volants plus petits qu'on a nommés chèvres ou *chevreuils*, et qui sont des variétés de celui-ci ; mais un autre lucane, long d'un pouce seulement, à mandibules de forme ordinaire, est une espèce bien distincte qu'on nomme *Lucane parallélipipède ;* il se trouve sous les arbres morts.

Le Nasicorne. — Ce gros *Nasicorne* qui porte

sur le nez une corne comme un rhinocéros, a été pris dans une tannerie, parce que sa larve, qui ressemble au ver blanc du hanneton, vit dans le vieux tan laissé en tas. Dans les serres chaudes où l'on emploie ce tan pour maintenir la chaleur, et dans le terreau même, on trouve souvent aussi la larve et l'insecte parfait ; il est long de quinze lignes et large de huit, d'un brun marron, luisant ; il fait aussi partie de la famille des Lamellicornes de la tribu des *Scarabéïdes*, on l'appelait lui-même autrefois le Scarabée nasicorne ; mais ce nom de Scarabée ayant été réservé pour des espèces gigantesques vivant en Amérique et aux Indes, et caractérisées par leurs mâchoires plus solides et dentées, le nôtre, qui n'a que des mâchoires faibles, sans dents, et velues, a été nommé *Oryctès nasicorne.*

Le Hanneton et la Cétoine. — Pour bien connaître les lamellicornes, nous devons aussi étudier le hanneton, maintenant si commun sur les arbres qu'il dépouille de leurs feuilles, après avoir, à l'état de larve, rongé leurs racines. Aucun autre mieux que lui ne mérite ce nom de lamellicorne, à cause des sept lames formant un éventail à l'extrémité de ses antennes quand il les étale ; vous remarquez pourtant que tous n'ont pas un éventail aussi grand ; les femelles se reconnaissent parce qu'elles n'ont que des lames moitié plus petites et au nombre de six seulement.

Nous allons trouver dans le jardin, sur les roses, la Cétoine dorée, qu'on appelle souvent aussi le hanneton doré ; elle est longue de neuf lignes, d'un vert doré brillant en dessus, d'un rouge cuivreux en dessous. Elle diffère du hanneton par sa forme plus ramassée, par ses élytres plus courtes que l'abdomen qui n'est point terminé par une sorte de queue comme celui du hanneton, et surtout parce que ses mâchoires sont terminées par un prolongement soyeux en forme de pinceau, ce qui indique assez qu'elle ne peut se nourrir que du pollen des fleurs.

Le Criocère du lys.—Ces jolis insectes rouges, si communs sur les lys dont ils dévorent les feuilles, ce sont des *lema merdigera* ou des criocères du lys ; leur longueur est de quatre lignes ; leur corselet et leurs élytres sont d'un beau rouge, toutes les autres parties du corps sont noires ; leurs pieds ont des tarses de quatre articles et leurs antennes sont en chapelet. Remarquez ce petit cri qu'ils font entendre lorsqu'on les tient dans la main ; il est produit, comme celui des capricornes et des autres longicornes, par le frottement du corselet ou prothorax sur l'anneau dur et luisant qui porte la seconde paire de pieds, et qu'on nomme le mésothorax.

Le nom latin de cet insecte exprime un caractère de sa larve qui se trouve quelquefois en si grand nombre sur le lys, que ce beau végétal est entièrement dépouillé de ses feuilles. Cette larve est un ver court, ovale, oblong, d'une couleur olivâtre avec six petits pieds en crochet et une tête noire armée de mandibules ; elle se fait une couverture épaisse et dégoûtante de ses excréments, qu'elle sait ramener tout le long de son dos en se contractant.

Le Drile. — Le petit insecte si élégant que notre filet a recueilli en fauchant sur les touffes d'herbes et sur les buissons au pied de ces chênes, c'est le Drile jaunâtre (*Drilus flavescens*), qui avait été nommé d'abord la *Panache jaune*, à cause de ses antennes en peigne, formées de onze articles ; il a cinq articles à tous les tarses, des mandibules minces, très aigues, allongées, et des palpes un peu renflés. Tout son corps est légèrement velu et noir, à l'exception des élytres, qui sont gris-jaunâtres, flexibles, et qui recouvrent deux ailes membraneuses transparentes. Malgré la différence énorme qu'il présente, c'est le mâle de l'insecte qui nous est éclos de ces larves si singulières trouvées cet hiver dans les coquilles de limaçons. Il est moitié plus petit et vit ordinairement sur les sommités des chênes, tandis que les femelles se tiennent cachées sous les feuilles sèches. Au reste, cette différence entre les mâles et les femelles, qui s'observe déjà chez les oiseaux de proie, se voit aussi chez beaucoup d'autres insectes.

LES BOMBYX.—*La Chenille de l'Agate.*— Cette jolie chenille velue, qui vit sur la ronce et le prunier, mérite bien de fixer notre attention par la distribution symétrique de ses poils. Le fond de sa couleur est noirâtre, mais ses poils, disposés en aigrettes sur les côtés, sont roussâtres, et de plus elle porte sur le dos cinq pinceaux moitié blancs et moitié noirs, deux autres plus longs noirs en forme de corne derrière la tête, et un troisième en forme de queue sur l'avant-dernier anneau ; elle se filera bientôt une coque grise entremêlée de ses poils, et, un mois après, elle nous donnera un papillon nocturne, le Bombyx agate (*sericaria fascelina*), large de douze à quinze lignes, dont les ailes supérieures sont cendrées, pointillées de noirâtre, avec deux raies transversales, roussâtres et sinueuses. Il se tient ordinairement dans une posture singulière qui l'a fait nommer la Patte étendue agate ; ses antennes sont repliées sur les côtés, et ses pattes antérieures sont dirigées en avant, de telle sorte qu'on les prendrait pour les antennes. Notre chenille est une de celles qui passent l'hiver; elle mange également du trèfle, du fraisier, du pissenlit, du plantain et diverses graminées; mais quand on la prend à ce degré de développement, elle accepte difficilement une autre nourriture que celle que le hasard ou la prévoyance maternelle lui avaient fournie d'abord.

Quel beau papillon s'est posé sur le tronc de cet arbre ! Il se laisse prendre sans songer à fuir. Quand il écarte ses ailes de dessus, si joliment nuancées de lignes brunes sur un fond gris, on voit ses ailes inférieures teintes de pourpre et ornées d'une tache noire, avec un demi-cercle d'azur en forme d'œil; aussi l'a-t-on nommé le *demi-paon* (*smerinthus ocellatus*). A sa lenteur, on le prendrait pour un papillon nocturne, mais ses ailes étroites triangulaires, et surtout ses antennes en fuseau, le font reconnaître pour un sphinx. Il n'a pas de trompe, et par conséquent il ne peut sucer le nectar des fleurs.

L'Apparent. — Cette plantation de peupliers nous promet une récolte abondante; nous sommes sûrs d'abord d'y trouver les chenilles qui ont dévoré les feuilles de ces branches déjà dépouillées de leur verdure; quelques unes ont déjà filé leur coque, entre les feuilles pour se changer en chrysalides ; voilà même un papillon éclos, c'est le Bombyx apparent (*Bombyx salicis*), qu'on a placé dans le genre *sericaria*, parce qu'il n'a pas tous les caractères des vrais bombix. En effet, ses ailes inférieures sont entièrement recouvertes par les supérieures, et de plus, elles sont munies d'un petit crin roide qu'on nomme le frein, et qui s'engage dans une rainure du bord des ailes supérieures, de manière à les maintenir en position. La couleur blanche éclatante de notre faux bombix le fait apercevoir de fort loin ; elle n'est altérée que par le brun de ses antennes plumeuses et par les petits anneaux noirs des pattes. Dans quinze à vingt jours la terre sera couverte de ces papillons, qui savent à peine se servir de leurs ailes. Cependant il vaut mieux, pour suivre leur métamorphose, emporter des chrysalides et des chenilles ; celles-ci sont vraiment remarquables par cette rangée de taches dorsales jaunâtres, qui tranche bien sur un fond noir, et par cette rangée de tubercules rouges poilus qu'on voit de chaque côté.

Le Bucéphale. — Ce beau papillon, qui a ses ailes rapprochées contre le corps, et qu'à son vol pesant vous reconnaissez pour un papillon nocturne, est le bucéphale (*sericaria bucephala*), ainsi nommé parce que son corselet bombé semble être une tête énorme; il a plus d'un pouce de longueur, la tête et le dos sont jaunes, les ailes supérieures, qui se touchent, sont grises, parsemées d'une poussière noirâtre, traversées par deux raies brunes, et présentent à l'extrémité une grande plaque jaune bordée de brun.

Prenez aussi ces lourds papillons gris à ailes anguleuses dentelées avec des nuances de brun, et les inférieures rouges à la base, c'est le smérinthe du peuplier (*smerinthus populi*), dont la chenille vit aussi sur le peuplier et se fait remarquer par la corne qu'elle a sur la queue.

La Teigne du cerisier. — Ces pommiers, ces pruniers dépouillés en partie de leurs feuilles et dont les rameaux paraissent de loin comme blanchis à la chaux, ont été dévastés par une petite chenille longue de six lignes qui les a revêtus d'un tissu de soie plus blanc et plus léger que la plus belle gaze; ce sont, on peut le dire, les fileuses par excellence. Voici encore quelques unes de ces chenilles; si vous en emportez à la maison vous pourrez répéter l'expérience d'un Allemand plus patient encore qu'ingénieux; il en mit un grand nombre sur des feuilles de papier, et ces petits animaux, qui ne peuvent faire un pas sans tapisser leur route d'un réseau de la soie la plus fine, eurent bientôt entièrement couvert le papier d'une gaze transparente et légère. On avait cru pouvoir substituer aux plus belles dentelles le travail délicat de ces chenilles en ménageant des jours et des broderies par des taches d'huile artistement disposées sur le papier, mais le succès n'a pas répondu à de si riches espérances. Ces chenilles transformées chez vous en chrysalide, de même que les nids déjà pleins de ces chrysalides que vous emportez, vous fourniront un nombre considérable de petits insectes parasites et surtout des ichneumons. Un savant Allemand a obtenu d'un seul nid de ces chenilles, conservé jusqu'à l'automne, cent quatre-vingt-huit petits hyménoptères appartenant à vingt-cinq espèces, la plupart inconnues des naturalistes.

Le papillon qui ne paraît qu'à l'automne dépose sur les tiges et près des bourgeons ses œufs en petits tas irréguliers ; on le nommait autrefois la *Teigne du cerisier* (*tinea padella*), maintenant on l'a placé dans le genre *yponómeute* caractérisé par la longueur des palpes inférieurs et par une trompe très distincte ; il a les ailes supérieures d'un gris plombé avec une vingtaine de points noirs.

LES CHENILLES ET LEURS ENNEMIS.—*La livrée.* —Ah ! voilà qui est bien digne de fixer votre attention ; remarquez ces jolies chenilles à peine velues, si élégamment galonnées de bleu, de brun et de jaune avec une raie blanche sur le dos; on leur donnait jadis le nom de *livrée*, à cause de leur ressemblance avec les galons de la livrée des gens de qualité. Voyez-les marcher en procession sur le tronc de ces pommiers qu'elles vont ravager; une seule est en avant, deux autres la suivent, puis vient un troisième rang de deux ou de trois et ainsi de suite jusqu'au dernier rang qui est quelquefois très nombreux. L'espèce de chenilles qu'on nomme la processionnaire, et qui se trouve sur le chêne dans les forêts, vit en sociétés beaucoup plus nombreuses, et forme des processions bien plus admirables encore par leur régularité et leur longueur. Cependant ces chenilles sont privées du sens de la vue; mais comme leur peau tout entière est pour elles l'organe du toucher, c'est en se tâtant mutuellement qu'elles sont déterminées à se ranger ainsi. — Essayons d'en toucher quelqu'une: eh bien! ne dirait-on pas que toutes ont ressenti le même attouchement? elles agitent de droite à gauche leur partie antérieure comme si elles voulaient résister à l'ennemi toutes ensemble. — *Les Ichneumons.* - C'est ainsi que souvent les chenilles se défendent de l'attaque des guêpes qui les dévorent vivantes ou des Ichneumons , insectes perfides qui savent introduire un œuf dans leur victime. De cet œuf naît une larve qui se nourrit des sucs intérieurs et de la graisse de la chenille sans paraître la faire souffrir et sans l'empêcher de se transformer en chrysalide, parce qu'elle ménage d'abord les organes essentiels à la vie ; mais au lieu d'un papillon, c'est un ichneumon qu'on voit sortir plus tard de cette chrysalide. Ne vous est-il pas arrivé déjà de voir sortir de vos chrysalides des ichneumons ou des mouches à deux ailes au lieu des papillons que vous vous attendiez à voir éclore ? Tout-à-l'heure encore, vous regardiez avec étonnement, dans la boîte de vos chenilles, des nymphes de mouches qui se distinguent des chrysalides d'où elles sont sorties, parce qu'elles ne montrent à l'extérieur aucune trace d'organes.

Le nombre des ennemis parasites des chenilles est immense , je vous ai dit combien on avait obtenu d'espèces d'ichneumon d'un nid de la teigne du cerisier; il y a de ces hyménoptères qui sont assez petits pour se développer entièrement dans un œuf de papillon.

Beaucoup de mouches à deux ailes passent toute leur vie de larves dans des chenilles et sortent par un trou qu'elles font à la peau de leur hôte pour aller achever leur métamorphose dans la terre. Des carabes, des staphylins, des téléphores, des guêpes, des asiles et plusieurs autres encore dévorent les chenilles ; quelques chenilles même se mangent entre elles.

Vous connaîtrez plus tard des insectes hyménoptères, les sphex, qui enterrent des chenilles toutes vives pour servir de pâture à leurs petits. Mais toutes ces causes, bien qu'elles empêchent plus de la moitié des chenilles d'arriver au terme de leur développement, ne suffiraient pas encore pour prévenir la multiplication excessive de ces larves.

Dégâts causés par les chenilles. — On a gardé le souvenir de certaines années désastreuses dans lesquelles diverses espèces de chenilles avaient anéanti la récolte des légumes et des fruits, ou dépouillé de leurs feuilles les vergers et les forêts. En 1735, c'était la chenille de la noctuelle lambda qui ruinait les cultures, et la désolation était si grande dans tout le pays entre la Seine et la Loire que les paysans en attribuaient la cause à quelque sortilége ; ils avaient vu, disaient-ils, la vieille femme ou le vieil invalide qui avait jeté un sort sur leurs terres ; à d'autres époques, c'était la chenille si commune du bombyx à queue d'or (*Sericaria*

Chrysorrhea), ou celle du bombyx disparate, qui pendant tout un printemps détruisait le feuillage des arbres fruitiers, ou bien encore, c'est la chenille d'une pyrale qui s'attaque à la vigne, et va pendant plusieurs années de suite ruiner l'espoir du vigneron, puis disparaître pour long-temps et se montrer de nouveau comme un fléau dont le retour est périodique.

Guerre des oiseaux contre les chenilles.—Des auxiliaires précieux pour l'agriculture sont les oiseaux, qui, au printemps, surtout quand ils doivent satisfaire à l'appétit toujours renaissant de leurs petits, font une ample consommation de chenilles ; on voit les moineaux quitter leur nid à chaque instant, voler vers un arbre fruitier et rapporter une chenille ou un papillon à leurs petits affamés. Mon fils avait exposé dans une cage à une fenêtre un jeune moineau récemment déniché, et je vis pendant plusieurs jours les parents lui apporter avec empressement cette sorte de nourriture ; c'étaient des chenilles sans poil, comme celles du chou, et c'étaient aussi des papillons que j'eus beaucoup de peine à reconnaître, car pour en faire un gibier plus présentable, le moineau leur avait ôté les pattes et les ailes. On a calculé qu'un couple de moineaux faisant dans la journée deux cent quarante voyages pour aller à la provision, détruit, dans une semaine, trois mille trois cent soixante chenilles.

Les chardonnerets font une guerre fort active aux chenilles si pernicieuses de la noctuelle lambda; le coucou se nourrit presque exclusivement de chenilles velues; les anatomistes ont remarqué que son estomac est rendu tout velu à l'intérieur par des poils de chenilles implantés dans la membrane interne; tous les oiseaux chanteurs, les mésanges, et beaucoup d'autres, nous débarrassent aussi des chenilles; on conçoit donc que si le nombre de ces oiseaux devient quelquefois moindre, par suite d'un hiver qui, au contraire, n'a point fait périr les chenilles, on sera exposé à voir ces larves se multiplier bien davantage.

Disons encore quelques mots de la livrée; nous voyons sur ce buisson quelques chenilles occupées à filer leur cocon de soie blanche à travers lequel on les aperçoit continuant leur ouvrage; il ne leur reste que tout juste assez d'espace pour tourner sur elles-mêmes, et leur tête en allant d'un côté à l'autre attache çà et là le fil qui sort de la lèvre inférieure; en voilà d'autres qui, déjà changées en chrysalide, ont dégorgé sur les parois de leur coque, pour l'épaissir, une liqueur blanche devenue en séchant cette poudre jaunâtre. Emportons des chenilles et des cocons, nous en verrons éclore dans vingt à vingt-cinq jours un papillon nocturne, gris, jaunâtre, dont les ailes, naturellement rapprochées en toit, sont traversées par deux lignes brunes ou par une bande roussâtre ; on le nomme le Bombyx livrée (*Bombyx neustria*). Ses œufs, au nombre de deux cent cinquante environ, sont collés suivant une ligne spirale les uns contre les autres au moyen d'une sorte de gomme qui se durcit à l'air ; c'est comme une bague ou un petit bracelet de perles autour des jeunes branches.

Les petites chenilles déjà formées dans l'œuf à la fin de l'été n'en sortent pourtant qu'au printemps quand la température plus douce les avertit qu'elles trouveront désormais une pâture abondante ; elles rongent alors avec leurs petites dents le couvercle de leur habitation, et se répandent sur les feuilles naissantes où elles vivent en société.

Huitième Promenade.

(15 juin.)

LES CHENILLES ET LES PAPILLONS.

NOURRITURE DES LARVES ET DES CHENILLES. —
Pour bien connaître un insecte, il faut avoir observé sa larve et sa nymphe; il faut avoir suivi la
marche de son développement et les changements
qu'il éprouve depuis sa sortie de l'œuf jusqu'à ce
qu'il meure, après s'être reproduit lui-même
par des œufs. Or, quelque intéressante que soit
cette étude, il s'en faut bien qu'on ait pu la compléter sur la plupart des insectes; il en est beaucoup qu'on ne connaît point dans leurs premiers
états; il est beaucoup de larves aussi dont on ne
connaît pas l'insecte. C'est en vain qu'on essaie-
rait de les élever, de les faire vivre en captivité;
on ne peut les maintenir dans les circonstances
où la prévoyance maternelle les avait placées.

13.

Les unes vivent au cœur d'une tige en pleine végétation, et, protégées par une triple enceinte, rongent une moelle succulente qui ne tarderait pas à s'altérer si la plante était déplacée ou mutilée ; d'autres cherchent un asile dans l'intérieur des racines les plus profondes, de celles mêmes qui croissent au fond des marais. Il en est qui se tiennent cachées à plusieurs pieds de profondeur et ne quittent leur retraite que pendant la nuit ; plusieurs enfin ne peuvent se développer que dans le corps d'un insecte vivant, sur lequel a été déposé par leur mère l'œuf d'où ils sont sortis.

Mais si nous ne pouvons nous donner le plaisir d'élever des larves qui vivent ainsi cachées, ni celles qui exigent une nourriture trop dégoûtante, en revanche nous avons toute facilité pour suivre le développement des chenilles et des autres larves qui mangent des feuilles et passent leur vie à l'air. Vous en avez déjà recueilli un grand nombre et vous les avez logées avec soin les unes dans des boîtes bien aérées, seulement couvertes d'une gaze, et dans lesquelles vous avez soin de mettre chaque jour des feuilles fraîches ; les autres dans des pots à fleurs également recouverts, mais contenant, au fond, de la terre modérément sèche ; pour quelques unes, vous avez eu le soin de planter, au fond du pot, l'herbe tout entière dont elles se nourrissent, ou bien vous avez placé, dans un flacon plein d'eau, des branches chargées de feuilles, pour leur offrir une nourriture toujours fraîche.

Le Ver à soie. — Vous avez eu soin de vous procurer des œufs, ou, comme on dit, de la *graine* de ver à soie; depuis vingt jours vos petites chenilles sont écloses, et déjà elles ont subi leurs trois premiers changements de peau, ou leurs premières mues; c'est une opération qu'elles doivent subir une fois encore avant d'avoir atteint toute leur grosseur; d'ici à dix jours elles auront alors changé leur teinte grise en une couleur jaunâtre demi-transparente, elles demeureront en repos pendant plusieurs jours, puis se mettront à filer cette coque de soie qu'on nomme leur cocon, et dans lequel elles se changent en chrysalide, pour en sortir plus tard sous la forme de papillons blanchâtres peu agiles. Toutes les chenilles subissent également quatre mues avant de se changer en chrysalides, et vous avez pu remarquer comment se fait cette opération; la tête enveloppée d'une écaille plus dure, qui a conservé le même volume depuis la mue précédente, est devenue trop petite par suite de l'accroissement continuel des parties intérieures; c'est là surtout ce qui rend nécessaire le changement auquel la chenille se prépare en jeûnant pendant quelque temps; la nouvelle peau plus molle, plus vivement colorée, existait déjà au-dessous de l'ancienne. En se gonflant beaucoup, elle finit par se déchirer longitudinalement sur le dos; la chenille, par ses efforts, agrandit la fente, et tire successivement de sa vieille dépouille sa tête, ses jambes antérieures et le reste de son corps; elle paraît alors bien plus mince proportionnellement à la grosseur de sa tête qui prend tout-à-coup le degré d'accroissement qu'elle doit conserver jusqu'à la mue suivante.

Il vous est facile de reconnaître comment toutes vos chenilles sont formées de douze anneaux séparés par des plis ou des étranglements; les trois premiers portent chacun une paire de pattes articulées écailleuses; les deux suivants n'en ont pas; mais sous les quatre qui viennent ensuite et sous le dernier, vous voyez une paire de pattes molles garnies d'une couronne de petits crochets très nombreux qui leur servent à se cramponner sur les plantes. Le ver à soie et beaucoup d'autres chenilles de papillons nocturnes, ainsi que toutes celles de papillons diurnes, ont dix de ces pattes molles qu'on nomme pattes membraneuses, mais d'autres n'en ont que huit, six ou même quatre seulement.

La Queue fourchue, les Arpenteuses. — Chez quelques unes, comme chez celle-ci qu'on nomme la Queue-fourchue à cause des deux prolongements en manière de corne qui terminent son corps, c'est la dernière paire de pattes membraneuses, celle du dernier anneau qui manque; chez cette chenille de la noctuelle lambda, que vous aviez trouvée sous terre dans le potager, c'est la première paire au contraire qu'on ne voit pas. Enfin chez ces chenilles minces que leur allure singulière a fait nommer Arpenteuses ou chenilles en bâton, et qui donneront des phalènes proprement dites, il n'y a plus que deux ou trois paires de ces pattes à l'extrémité du corps, de sorte que, pour marcher, ces chenilles sont obligées de se plier en deux comme un compas, et de s'allonger en se roidissant, pour prendre plus loin un nouveau point d'appui contre lequel elles rapprocheront, en se repliant, leurs pattes postérieures.

LES FAMILLES ET LES GENRES DE LÉPIDOPTÈRES. — Vous avez réuni un assez grand nombre de chenilles, pour que nous puissions observer leurs caractères par rapport aux chrysalides et papillons qui en proviennent, et ceux des papillons eux-mêmes qui forment l'ordre des *lépidoptères*, et vous avez remarqué combien il est naturel de séparer en deux familles distinctes les papillons de jour ou papillons diurnes qui ont toutes les antennes terminées par un bouton ou une petite massue, et les papillons nocturnes, au vol lourd et pesant, dont les antennes en fil ou en plume vont en diminuant vers l'extrémité ; vous aurez bien aussi à établir une troisième famille intermédiaire pour les papillons crépusculaires comprenant les sphinx dont toutes les chenilles sont nues, à seize pattes, avec une corne sur la queue ; cette division comprendra aussi les zygènes, petits papillons très communs dans nos prairies ; celui-ci, dont les ailes d'un noir-verdâtre bronzé sont tachées de rouge, est la Zygène de la filipendule. Le caractère des crépusculaires est d'avoir les antennes triangulaires, renflées au milieu et terminées par un petit crochet.

Les chenilles épineuses Robert-le-Diable. — Parmi vos chenilles, celles qui sont noirâtres, couvertes d'épines rudes, branchues, mais incapables de piquer, appartiennent à des papillons diurnes du genre Vanesse, caractérisés par la disposition des pieds antérieurs qui sont plus courts que les autres, très velus et repliés en avant de manière à figurer une palatine, et ne peuvent servir à la marche ; aussi nomme-t-on *tétra-*

podes ou à quatre pieds cette section des papillons diurnes ; leurs ailes inférieures embrassent
l'abdomen en dessous comme dans une gouttière.
Voilà précisément la chenille de la Vanesse
gamma (*Vanessa C. album*) ainsi nommée à cause
de la tache blanche en forme de c qui se voit au
milieu des ailes inférieures par dessous ; on la
nommait autrefois Robert-le-Diable, parce que
ses ailes rougeâtres sont dentelées et découpées au
bord comme celles qu'on prête au diable dans
ses portraits ; cette chenille est bien reconnaissable à la bande blanche de son dos qui tranche avec
le noir du reste du corps, et qui l'avait fait nommer par Geoffroy la chenille bédaude. Vous l'a-
vez trouvée sous les ormes dont elle mange le
feuillage ; bientôt elle vous donnera une chrysalide anguleuse bien singulière, qui, vue par le
dos, présente une ressemblance grossière avec
une face humaine ou le masque d'un satyre.

Voilà d'autres chenilles épineuses, noires, tachetées de blanc ; elles vivent sur l'ortie, et vous
donneront la vanesse paon-de-jour dont la chrysalide est ornée de plaques d'or. Cette autre noire,
avec une suite de traits jaune-citron de chaque côté,
est la chenille de la vanesse Vulcain (*Vanessa
atalanta*) ; elle vit également sur l'ortie dont elle
mange surtout les jeunes graines ; celle-ci, encore

plus commune, est celle de la vanesse grande
tortue (*V. polychloros*); toutes elles donnent des
chrysalides brunes, anguleuses, couvertes de
pointes et ornées de taches dorées, accrochées
la tête en bas au petit paquet de soie que la chenille a eu soin de filer pour subir ainsi suspendue ses dernières métamorphoses.

Les piérides.—Vous avez pris, pour les élever,
des chenilles du chou; celles-ci se transformeront
au contraire en se tenant fixées contre la muraille
et soutenues la tête en haut par un cordon de soie
passé autour du corps. Leurs chrysalides anguleuses, jaunâtres, marquées de points noirs, vous
donnent ces papillons blancs si communs, composant le genre *Piéride* caractérisé par ces particularités de la chrysalide, et parce que les six
pieds sont propres à la marche, et que les ailes
inférieures au centre desquelles les nervures
forment une cellule fermée, s'avancent sous l'abdomen et l'enferment comme dans une gouttière.
Vous pouvez facilement distinguer les six ou sept
espèces de Piérides que vous avez recueillies.
Le grand papillon du chou (*Pieris brassicæ*), large
de deux pouces, a les ailes supérieures marquées
de noir au sommet, par-dessus, et portant au milieu deux taches noires. Le petit papillon du
chou (*Pieris rapæ*) est d'un tiers plus petit,
les ailes supérieures ont également deux points

noirs, mais le bord noir est moins large et moins foncé. Le blanc-veiné-de-vert (*P. napi*), est large seulement de quinze lignes; il a la pointe des ailes supérieures et deux ou trois taches noires en dessus, et porte des veinures élargies, vertes, en dessous. Ces trois papillons ne sont que trop communs dans les jardins où leur chenille cause souvent de grands dégâts.

Dans ces papillons on observe une différence notable pour la coloration entre les mâles et les femelles; chez celle-ci le blanc domine davantage, mais chez la Piéride de la cardamine ou le papillon Aurore, la différence est bien plus grande, car le mâle seul a sur le milieu des ailes supérieures ces grandes plaques d'une couleur orangée si vive qui lui ont valu son nom; le reste des ailes est blanc en dessus, excepté la pointe, qui est noire ainsi qu'une petite tache en croissant; les inférieures sont élégamment marbrées de vert en dessous; ce joli papillon, large de quinze à dix-huit lignes, vous l'avez pris seulement au commencement de mai dans les prairies où sa chenille, qui est verte, un peu velue, blanchâtre sur les côtés, vit sur la *cardamine impatiens*. Votre collection de Piérides se trouve complétée par le *Gazé* (*Piéris cratægi*), ce grand papillon blanc à nervures noires dont la chenille passe l'hiver dans les nids en pendeloque que vous aviez vus en hiver.

Le grand-paon de nuit. — Cette énorme chenille verte, avec des boutons d'un bleu d'émail, surmontés de quelques poils noirs terminés par une petite boule vous donnera le grand paon de nuit (*Saturnia pavonia*), le plus grand des papillons de nos climats; ses ailes étendues ont quelquefois six pouces de large, elles sont brunes, marquées de lignes en zig-zag, grises et brunes plus foncées, avec un bord plus clair, et sur chacune est une espèce d'œil comme celui des plumes du paon formé de cercles concentriques de diverses couleurs. Votre chenille que vous nourrissez avec des feuilles d'abricotier, commencera bientôt à filer et se construira, avec une soie grossière très forte, un cocon brun assez solide pour résister à toutes les attaques du dehors; elle s'y changera en une chrysalide qui ne deviendrait papillon qu'au bout de neuf mois ou d'un an; si la saison était trop avancée, dans tous les cas elle devra passer au moins trois mois dans sa prison. Tous les papillons, pour sortir de leur cocon quand il est fermé de partout, savent le ramollir avec une sorte de salive dissolvante, afin qu'en poussant avec leur front ils puissent se frayer un passage à une des extrémités; mais percer une coque aussi solide eût été une trop rude besogne; l'instinct de notre chenille a pourvu à cette difficulté : au lieu d'étendre son fil de la même manière sur tout le contour de son cocon, elle a replié ces fils vers l'extrémité la plus pointue, de manière à en former une foule de tiges rapprochées comme les brins d'osier de la nasse des pêcheurs, et maintenues seulement par un peu de bourre; par conséquent ces tiges roides, élastiques, qui s'opposeraient à l'entrée de l'ennemi du dehors, s'écarteront aisément pour laisser passer le papillon; mais ce n'est pas tout, coupez avec des ciseaux ce prolongement en pointe, dans le cocon que vous possédez, vous trouvez au-dessous un second bec de nasse encore plus habilement construit, et formant une fortification intérieure pour la chrysalide pendant sa longue réclusion.

Le petit paon de nuit. — Les cocons bruns que vous aviez recueillis sur les branches de la charmille sont construits de même, il vous ont donné leurs papillons, ce sont des petits paons de nuit (*Saturnia Carpini*); on dirait qu'ils sont de deux espèces différentes, tant le mâle diffère de la femelle; celle-ci, large de deux pouces et demi, est d'une couleur grisâtre beaucoup plus claire; le mâle, d'un tiers plus petit, a les antennes brunes en plume, les ailes supérieures d'un brun fauve avec des raies transversales blanchâtres ou brunes ; sur une plaque blanchâtre au milieu, est une tache en forme d'œil, noire au centre, entourée d'un cercle jaune, d'un demi-cercle blanc et d'un autre cercle noir ; au-dessous est une raie ondulée, blanche, étroite. Les ailes inférieures, d'un jaune fauve, ont aussi une tâche en forme d'œil au milieu, puis une petite raie ondulée, brune, et le bord couleur de rouille.

La chenille se trouve souvent en société sur la ronce, le charme, le saule et les arbres fruitiers ; elle est d'un beau vert, et porte sur chaque anneau six tubercules ou boutons roses ou oranges, bordés de noir et garnis de quelques poils noirs, courts et roides. Elle file son cocon à la fin de l'été et passe l'hiver à l'état de chrysalide.

La feuille morte. — Cette chenille, longue de deux pouces et demi, que vous avez prise collée sur une branche de poirier avec l'écorce duquel elle se confondait par sa forme aplatie et par sa couleur cendrée, vous donnera le papillon qu'on nomme la *feuille morte* ; ses ailes dentelées, et d'une couleur tannée avec trois raies noirâtres, ondulées, sont en effet tellement disposées quand il est au repos, qu'on le prendrait pour un paquet de feuilles sèches; ses ailes supérieures, au lieu d'être étalées comme celles du grand paon, sont inclinées en toit, et le bord extérieur des inférieures les déborde horizontalement. Vous remarquez comment cette chenille un peu velue porte sur les côtés, au bas de chaque anneau, une sorte de verrue élargie et garnie de poils qui concourt à la faire paraître plus aplatie; elle a aussi un tubercule pointu, en forme de queue courte sur l'avant-dernier anneau, et montre de larges entailles d'un bleu foncé sur le deuxième et le troisième anneau.

Les Bombyx.—On comprenait autrefois sous le nom de phalène tous les papillons nocturnes; puis on appela bombyx, comme le papillon du ver à soie, ceux seulement qui ont les antennes en peigne, la trompe courte ou presque nulle, les palpes égaux, comprimés, velus, et le corps assez gros, réservant le nom de phalène aux papillons comme celui du groseiller, qui ont les palpes égaux, comprimés, membraneux, presque nus, la trompe longue, roulée en spirale, et le corps plus mince; leurs antennes, dans les mâles surtout, sont souvent aussi en peigne; leurs chenilles sont les Arpenteuses.

On distingua sous le nom de noctuelles, ceux

qui ont les antennes amincies comme une soie, les palpes velues cylindriques et plus minces à l'extrémité et la trompe longue. Les pyrales furent ceux qui ont la trompe longue, les antennes en fil, les palpes nus ; cylindriques à la base, et amincis à l'extrémité ; leurs ailes sont disposées comme les chapes des chantres d'église ; leurs chenilles s'enferment dans les feuilles qu'elles tordent et roulent autour d'elles, d'où leur est venu le nom de chenilles tordeuses ou rouleuses. Les teignes enfin furent toutes celles qui ont les ailes étroites, rapprochées du corps, les antennes en fil, les deux palpes antérieurs droits et beaucoup plus longs que les autres, et dont les chenilles passent leur vie dans un fourreau.

Mais des observations plus approfondies ont fait subdiviser ces genres ; et des anciens bombyx on a séparé d'abord pour former la section des hépialites, les espèces, comme le *Cossus* dont la chenille vit dans l'intérieur des arbres ou des racines de plantes, et dont les chrysalides ont le bord des anneaux dentelé ; leurs antennes sont courtes, bordées de petites dents, et leur trompe est presque nulle, leurs ailes sont oblongues et disposées en toit.

L'Hépiale et la Zeuzère. — On nomme Hépiale du houblon un papillon moitié plus petit, dont la chenille dévore les racines du houblon dans les lieux où cette plante est l'objet d'une culture particulière ; les ailes supérieures du mâle sont d'un blanc argenté sans taches, et celles de la femelle sont jaunes avec des taches rouges. Ses antennes sont beaucoup plus courtes que le thorax. Cet autre joli papillon de la même section, long de quatorze lignes, d'un beau blanc avec des anneaux bleuâtres sur l'abdomen et des taches nombreuses de la même couleur sur les ailes supérieures, c'est la zeuzère du marronnier, (*Zeuzera æsculi*), caractérisée parce que les antennes du mâle ont vers le bas un double rang de barbes, et sont terminées par un filet, et que celles de la femelle, entièrement simples, sont seulement cotonneuses à leur base ; sa chenille vit dans le bois ou dans la moelle du marronnier d'Inde, du tilleul, du noyer, du poirier et du pommier.

Dans la section des bombycites, la trompe est également nulle, parce que les papillons n'ont point à prendre de nourriture ; les ailes sont largement étendues, ou en toit, mais dans ce cas les inférieures débordent latéralement les supé- rieures comme chez le papillon feuille morte, et les antennes des mâles sont garnies de barbes comme des plumes ; leurs chenilles vivent à nu sur les végétaux dont elles rongent les feuilles, et se forment une coque de pure soie ; leur chrysalide, comme celles de la plupart des autres nocturnes, sont ovales, tout unies. Ceux à ailes étendues et horizontales comme le grand paon forment le genre *Saturnie*, parmi ceux dont les ailes sont en toit ; on distingue sous le nom de *Lasiocampes*, la Feuille morte et plusieurs espèces voisines qui ont les palpes avancées en forme de bec, et les ailes inférieures dentelées ; les autres sont les bombyx proprement dits.

Une troisième section, celle des Faux-Bombyx comprend des papillons avec ou sans trompe, dont les ailes inférieures sont munies à leur base, près du bord externe, d'une soie roide ou d'un crin qu'on nomme frein, qui s'engage dans une petite rainure des ailes supérieures ; cette disposition, on le conçoit bien, empêche que les ailes inférieures ne puissent déborder quand l'insecte est en repos.

Les Séricaires. Le Disparate.—Parmi les faux bombyx sans trompe, sont les séricaires, tels que le *Disparate*, ainsi nommé à cause de la grande différence des mâles et des femelles. Les mâles, beaucoup plus petits, ont les ailes brunes, avec des raies ondées noirâtres et de grandes antennes en plumes ; ils volent presque comme

des papillons diurnes. Les femelles sont blanchâtres, deux fois plus grosses, avec quelques
raies noires sur les ailes ; elles peuvent à
peine voler. Les disparates proviennent de ces
chenilles brunes, hérissées de poils roides, qui
dévorent les feuilles de prunier. Les *Notodontes*,
ainsi nommées des mots grecs *nôtos* dos, et
odous dent, parce que le bord interne des ailes
supérieures est dentelé et relevé, sont aussi de faux
bombyx, de même que les *orgyes* dont les chenilles ont des aigrettes ou des pinceaux de poils,
et qui sont remarquables surtout en ce que les
mâles seuls sont pourvus d'ailes, tandis que les
femelles dont le corps est gonflé d'œufs sont presque aptères. Cette même différence vous l'avez
vue encore plus prononcée chez les *Psyché* de
notre dernière excursion, qui font également
partie de la section des faux bombyx sans trompe,
mais dont la chenille habite dans un fourreau
comme celle des teignes.

Les Écailles. — Les faux-bombyx munis d'une
trompe sont remarquables par leurs couleurs
vives et tranchées. On nomme *Écailles* (*Arctia*)
ceux qui, avec les ailes en toit, ont les antennes
en peigne, les palpes inférieurs très velus et la
trompe encore courte ; les *Callimorphes* en diffèrent par la longueur de leur trompe, par les

antennes en soie ou simplement ciliées dans les mâles, et par les palpes inférieures couvertes seulement de petites écailles. Les *Lithosies* sont des faux bombyx à trompe dont les ailes sont étroites, couchées horizontalement sur le corps, leurs chenilles, de couleurs bigarrées, vivent sur les mousses et les branches de différents arbres. Telle est du moins celle-ci que vous avez trouvée dans les bois ; elle est gris-verdâtre avec lignes longitudinales noires, et pointillée de blanc et de rouge, et vous donnera dans quelque temps la Lithosie collier rouge, qu'on nommait autrefois la Veuve, à cause de sa couleur noire, sur laquelle tranche la bordure rouge de son corselet ; elle est longue de quatorze à quinze lignes.

Quant aux Ecailles, elles sont si communes que vous avez pu en ramasser beaucoup ; cet hiver déjà vous aviez trouvé des chrysalides qui vous ont donné l'Ecaille caja, vous avez maintenant sa chenille, si remarquable par ses longs poils bruns, qui ont fait donner au genre le nom d'Arctia, dérivé du mot grec *arctos*, ours.

La Queue d'or. — La chenille dont nous trouvions les nids en hiver, et qui est si commune sur les arbres fruitiers, vous a donné *l'Ecaille queue d'or* (*Arctia chrysorrhœa*), ainsi nommée à cause de la touffe de poils d'un brun jaunâtre, doré, dont est garnie l'extrémité du corps. Ce petit papillon blanc, long de huit à dix lignes, se sert de cette touffe de poils pour former une couverture épaisse sur ses œufs et les protéger ainsi jusqu'à l'éclosion. Voilà une Ecaille bien plus belle, c'est la *Marbrée* (*Arctia villica*), aussi grande que l'Ecaille caja; elle s'en distingue, parce que ses ailes supérieures ont huit points blancs arrondis au lieu de bandes sinueuses, et que les inférieures ont le fond jaune, et non pas rouge.

Cette chenille jaune, avec des anneaux noirs, que vous nourrissez avec du seneçon, est celle du Callimorphe carmin (*Callimorpha jacobeæ*), que vous avez déjà; il est large d'un pouce quand vous étendez ses ailes, dont les supérieures sont d'un noir terne avec deux raies longitudinales rouges, et les inférieures sont rouges bordées de noir.

On a fait une quatrième et dernière section des Bombyx pour ceux dont la chenille, comme celle de la Queue fourchue, manquent de la paire de pattes membraneuses que toutes les autres ont sous le dernier anneau; c'est ce qu'exprime le nom d'Aposure (*queue sans pieds*), donné à cette section. Le papillon qui provient de cette chenille, si singulière par la bosse anguleuse de son dos et par les deux filets recourbés de sa queue, appartient au genre Dicranoure; c'est la *Dicranoura vinula*, large d'un pouce et demi quand ses ailes sont étendues; il est gris-blanchâtre avec des points bruns et des raies ondulées et dentées de cette même couleur; il éclot dès le mois d'avril.

LES FAUSSES CHENILLES. — *La Mouche à scie du rosier*. — Le temps si beau nous invite à poursuivre les papillons dans la campagne; partons donc, notre récolte ne peut manquer d'être abondante.

— Ce que vous avez pris sur ce rosier pour des chenilles, ce sont des larves d'une mouche à quatre ailes de l'ordre des hyménoptères, qu'on nomme le Tenthrède ou l'Hylotome du rosier; elle est longue de cinq à six lignes, d'une couleur jaune-safranée, excepté à la tête, qui est noire, ainsi que le dessus du corselet.

Cet insecte dépose ses œufs dans une blessure qu'il fait au moyen de sa tarière en scie aux jeunes branches du rosier, et qui rend ces branches contournées et difformes comme vous voyez. Les larves jaunes pointillées de noir ressemblent beaucoup à des chenilles; mais on les distingue par le nombre de leurs pattes, qui est toujours de dix-huit ou vingt; aussi les nomme-t-on fausses chenilles. Elles rongent les feuilles de rosier jusqu'à ce qu'elles aient atteint une longueur de neuf à dix lignes. Alors toutes, presque au même instant, elles se laissent tomber, s'enfoncent en terre et se forment une coque dans laquelle elles restent jusqu'à l'année suivante pour se changer en insecte parfait.

LE SPHINX DU TILLEUL. — Nous trouverons sur les saules d'autres fausses chenilles bien curieuses, mais cherchons sous ces tilleuls touffus, nous pourrons y trouver un Sphinx, qui semble propre à ces arbres, quoique sa chenille puisse manger aussi des feuilles d'orme, d'aune, de bouleau, et même de chêne. Tenez, voyez un de ces sphinx du tilleul ; il s'est posé à l'ombre sur un de ces troncs, c'est presqu'un papillon nocturne, à peine volerait-il d'un arbre à l'autre pour chercher un nouveau refuge ; il n'a point de trompe, et par conséquent il ne doit pas prendre de nourriture, et ne vit que pour se reproduire sous cette dernière forme ; il vient déjà même de déposer là quelques œufs verts. Ses ailes antérieures de couleur grise avec des teintes de vert plus prononcées au bord, et une tache d'un vert-brunâtre, sont anguleuses comme celles du sphinx demi-paon, et du sphinx du peuplier qui sont également privés de trompe, c'est pourquoi on a fait un genre particulier de ces espèces sous le nom de Smerinthe. Regardez à terre là où nous verrons des excréments noirs réguliers de la grosse chenille, de notre smerinthe, sera une preuve qu'il y en a quelqu'une sur les feuilles de l'arbre. En voici une, elle porte une corne sur le onzième anneau, c'est le caractère de toutes les chenilles de sphinx, mais elle se distingue par sa tête triangulaire, par sa peau verte, puis grise chagrinée, avec des bandes rouges et jaunes obliques sur les côtés, et une plaque rouge ou noirâtre avec une bordure de points blancs derrière la corne.

La pluie de sang et la pluie d'insectes. — Sur les pierres, sous ces ormes et ces peupliers, vous voyez des taches rouges que vous prendriez pour du sang si vous n'aviez vu vos papillons nouvellement éclos, former sur le fond de vos boîtes des taches semblables en rejetant une liqueur rougeâtre, residu de leur nutrition pendant leur sommeil de chrysalides. C'est là ce qu'on a pris souvent pour des pluies de sang, lorsque des papillons éclos en grand nombre pendant la nuit avaient laissé sur les murs, sur la terre et sur le pavé des taches que le matin on voyait avec effroi. Vous savez que les prétendues pluies de soufre sont produites par la poussière des fleurs de sapin que le vent transporte au loin. On a

parlé aussi de pluies d'insectes, il paraît qu'elles
sont formées surtout de ces insectes coléoptères,
pentamères, allongés, à corselet plat, bordé de
jaune-rougeâtre, et à élytres molles ardoisées, qui
sont si communs sur toutes les herbes. Le vent
dit-on, transporte quelquefois au loin des nuées
de cet insecte et même de sa larve; c'est pour
cela qu'on lui donne le nom de *téléphore*, formé
des mots grecs *télé* loin, et *phoros* qui porte.
Il a les antennes en fil et fait partie de la section
des malacodermes dans la famille des serricornes.

Neuvième Promenade.

(5 JUILLET.)

LA CHASSE DANS LE JARDIN. — LE MARAIS.

———◦◦◦———

LA CHASSE DANS LE JARDIN. — *Les papillons porte-queue et les Vanesses.* — Commençons aujourd'hui notre course entomologique par visiter le jardin et ses dépendances. Ce beau papillon jaune, avec des raies noires et une bordure noire ornée de taches bleues sur les ailes inférieures, c'est le Machaon qu'on appelle aussi le grand porte-queue, ou le papillon à queue du fenouil, parce que ses ailes inférieures sont prolongées en manière de queues, et que sa chenille vit sur le fenouil ; mais nous la trouverons sans doute aussi dans le potager, sur les feuilles de carotte qu'elle mange également ; elle est verte, avec des anneaux noirs ponctués de rouge ; ce qui la caractérise surtout c'est une corne rougeâtre, molle, fourchue, qu'elle fait sortir de la partie supérieure du cou et qui répand une odeur forte et désagréable. Sa chrysalide s'attache par le milieu du corps comme celles des papillons du chou ou piérides; vous remarquez d'ailleurs que le machaon a de même six pieds propres à la marche, mais qu'en outre ses ailes inférieures ont le bord interne simplement concave ou plissé, et non en gouttière. Ces caractères distinguent le genre Papillon proprement dit qui renferme un grand nombre de beaux papillons étrangers, et un autre papillon à queue de notre pays, le *flambé* ou *Podalyre* dont la chenille, également pourvue d'une corne charnue, vit sur le pêcher, l'amandier, le prunier et le poirier; elle est verte jaunâtre, ponctuée de rouge avec des lignes jaunâtres sur le dos et sur les côtés. Les ailes supérieures du Flambé n'ont que des bandes noires un peu effacées sur les bords. Les ailes inférieures ont une seule bande noire oblique, et une large bordure noire ornée de quatre ou cinq taches bleues; à l'angle postérieur elles ont aussi une tache en forme d'œil et se prolongent en queue étroite. Avec eux vous voyez voler sur les fleurs beaucoup de papillons du chou, et quelques autres papillons diurnes que vous aviez déjà; voilà le *vulcain* (*vanessa atalanta*) si reconnaissable à cette bande d'un beau rouge, en arc de cercle de chaque côté sur ses ailes dentées, anguleuses, noires en dessus, et marbrées de diverses couleurs en dessous.

Cet autre papillon que vous aviez depuis long-temps, est le *paon de jour* (*vanessa Jo*) ainsi nommé à cause des quatre belles taches en forme d'œil qui décorent le dessus de ses ailes anguleuses, dentées et d'un brun pourpré ; le dessous des ailes est noirâtre, sa chenille que vous avez élevée vit aussi sur l'ortie. Ces papillons comme la grande et la petite tortue que vous avez déjà, font partie du genre *vanesse* dans lequel on ne voit que quatre pattes propres à la marche, les deux autres étant repliées de chaque côté de la tête en manière de palatine.

Les nacrés et les damiers. — Mais voici un autre papillon et bien remarquable à cause de ses plaques argentées ou nacrées qui décorent le dessous de ses ailes, c'est le *nacré* (*argynnis latonia*) ; il fait partie du genre *argynne*, qui ne montre comme les vanesses que quatre pieds propres à la marche, et s'en distingue par ses palpes inférieurs, écartés et terminés brusquement par un article plus grêle, tandis que ces palpes dans les vanesses sont contigus et s'amincissent insensiblement en pointe très comprimée. Vous trouverez dans la campagne plusieurs autres *argynnes* ou *nacrés*; ils se ressemblent tous par la couleur fauve, brillante, de leurs ailes avec des taches noires plus prononcées en dessus, et des plaques argentées en dessous; je n'ai pas besoin de vous dire que sur ces nacrés il n'y a pas plus d'argent qu'il n'y a de l'or sur les chrysalides et sur une foule d'insectes dorés; c'est un effet de lumière qui s'explique en supposant sur les petites écailles des ailes une infinité de petites lignes parallèles. Une des plus grandes argynnes se nommait autrefois le tabac d'Espagne à cause de sa couleur, c'est l'*argynnis paphia*; elle se reconnaît à la teinte verte et aux bandes argentées du dessous de ses ailes; une autre se nommait le collier argenté *argynnis euphrosyne* à cause de la disposition de ses plaques d'argent; une espèce moitié plus petite avait reçu le nom de *chiffre* (*argynnis niobe*), parce que les taches noires près du bord des ailes supérieures représentent assez bien une rangée de chiffres. Les chenilles des nacrés ont des épines, dont deux plus longues sur le cou; elles sont noirâtres ou brunes, avec une ligne dorsale, et souvent des taches latérales blanches, ou d'un jaune orangé;

on les trouve le plus souvent sur les diverses espèces de violette; quelques uns vivent aussi sur
le sainfoin, l'ortie, la ronce, etc. Ces petits papillons fauves, à taches noires, que vous preniez
d'abord pour des nacrés on les nomme des *damiers*, à cause de la disposition des taches blanches et jaunes du dessous des ailes; vous en trouverez cinq ou six espèces, toutes fauves en dessus
avec des taches noires, et élégamment marque-
tées en dessous de fauve, de jaune et de blanc,
avec des lignes noires en feston, et des points
noirs au milieu des carrés blancs; leurs chenilles
ont des petits tubercules velus, au nombre de
sept ou neuf sur chaque anneau, et deux tubercules plus forts sur le cou. Elles sont noirâtres
avec des points blancs ou diversement colorés, et
vivent ordinairement sur le plantain; quelques
unes se trouvent aussi sur les véroniques, les
scabieuses, etc., et passent souvent l'hiver en société sous des herbes liées par quelques brins de
soie, de sorte qu'on les trouve déjà grandes au
printemps dans les prairies sèches.

Les insectes de la Ro e trémière. — Ce petit
papillon brunâtre, à mouchetures blanches, qui
semble voler péniblement en agitant ses ailes
triangulaires, c'est l'hespérie de la mauve (*hes-
peria malvœ*). Il fait partie d'un genre particu-

lier distingué de tous les autres papillons diurnes, par les épines de ses jambes postérieures et par ses antennes terminées en massue; ses palpes inférieurs sont courts, larges, très garnis d'écailles en devant : vous remarquez comment ses aile s sont agréablement nuancées en dessous, de gris verdâtre et de rose sur un fond brun marbré . Sa chenille vit sur diverses sortes de mauves ; nous sommes sûrs d'en trouver sur ces roses trémières; en voilà qui déjà foulent les feuilles de cette plante pour se changer en chrysalide. Voyez comment elles présentent un caractère particulier dans le rétrécissement de leur premier anneau en forme de cou, elles sont grises, avec la tête noire, et quatre points jaunes sur le cou ; leur chrysalide est noire, saupoudrée d'une poussière bleuâtre.

— Arrêtons-nous un instant devant ces mêmes roses trémières , nous y voyons l'altise de la mauve, ce joli coléoptère sauteur, à élytres d'un vert doré, et à corselet fauve ; comme son nom l'indique, il vit spécialement sur cette plante. Mais voilà des punaises du genre corée qui lui font la guerre; celle-ci tient au bout de sa trompe étendue une malheureuse altise qui se débat en vain ; essayons de lui faire lâcher prise, elle saura poursuivre sa proie et introduire de nouveau son suçoir meurtrier par le défaut de la cuirasse de l'altise.

— Sur les calices renfermant la graine encore verte, un petit ichneumon va et vient, cherchant à introduire entre les folioles la longue tarière brune qui termine son abdomen ; il a deviné que ce fruit renferme une petite chenille dans le corps de laquelle ses œufs pourront se développer ; il tâte avec sa tarière et fait arriver ses œufs à l'endroit le plus convenable.

Voici un insecte que vous avez dû trouver fréquemment, au printemps, sur les arbres fruitiers ; ne le laissons pas échapper maintenant, car il commence à devenir rare, et ce serait un ornement qui manquerait à notre collection. Sa belle couleur verte, finement ciselée ou pointillée, a quelque chose de l'aspect de l'or mat ; mais c'est surtout quand on le regarde au soleil avec une loupe qu'on est surpris de la richesse de sa parure. Il fait partie du genre Polydrosus, genre nombreux en espèces, vivant presque toutes sur les arbres fruitiers. On les confondait autrefois tous avec les vrais charançons, mais ils se distinguent par leur corselet transversal, très peu plus large que long ; leurs tarses sont garnis de brosses en dessous, et l'avant-dernier article est profondément bilobé ;

de chaque côté de la trompe est une fossette oblique où se loge le premier article de leurs antennes coudées.

Il nous vient d'Amérique des charançons bien plus gros, car ils ont jusqu'à un pouce de longueur, et dont la riche parure semble plus admirable encore en raison de leur grande taille. Aussi leur a-t-on donné les noms de charançon impérial, royal, fastueux, somptueux, etc. En regardant à la loupe la couleur verte dorée de leurs étuis, on aperçoit une infinité de paillettes reflétant les couleurs les plus éclatantes du prisme.

Les Malacodermes. — Vous avez pris sur les fleurs ce joli coléoptère allongé (long de deux à trois lignes), à élytres molles, d'un vert bronzé, avec un point rouge à l'extémité : on le nomme la Malachie à deux pustules. Quand vous le pressez entre les doigts, il fait sortir de chaque côté des papilles rouges, molles, en forme de cocardes ; c'est pourquoi on l'appelait anciennement la Cicindelle à cocardes. Il a aux tarses cinq articles, tous minces et entiers. Ses antennes sont en scie : c'est donc un insecte de la famille des serricornes, dans laquelle on a formé sous le nom de Malacodermes une section particulière pour ceux qui ont les élytres molles et

la tête engagée postérieurement dans le corselet.
De cette section sont aussi les vers-luisants, ou
lampyres, les driles, les téléphores, et beaucoup
d'autres insectes, qu'on partage en plusieurs tribus d'après la forme des palpes et des mandibules, et suivant que le corselet couvre plus ou
moins la base de la tête. Notre Malachie, ainsi
que cet autre petit coléoptère d'un vert bleuâtre
foncé, très effilé, qui se trouve si souvent dans
les fleurs de la renoncule bouton d'or, et qu'on
nomme le Dasyte bleuâtre, fait partie de la tribu
des Mélyrides, caractérisée par ses palpes filiformes et courts, ses mandibules échancrées à
la pointe, et par son corselet carré, presque plat
et recouvrant seulement la base de la tête.

Il faut avec votre filet attraper au vol cette
mouche velue qui voltige en bourdonnant et
sans se poser sur les fleurs dont elle suce le
miel. C'est le Bombille bichon (*Bombylius ma-
jor*), long de quatre à cinq lignes, tout couvert
d'un poil gris jaunâtre, ce qui l'a fait comparer
au petit chien qu'on nomme le bichon. Il porte
en avant une trompe noire très mince et très
longue ; ses ailes sont noires au côté extérieur et
d'une transparence parfaite dans le reste de leur
étendue. La forme de sa trompe et ses antennes
composées de trois articles, dont le dernier al-

longé presque en fuseau, l'ont fait ranger dans la famille des Tanystomes de l'ordre des diptères.

LE MARAIS. — *Les Demoiselles.* — Il est temps d'arriver au marais qui doit être le terme de notre promenade aujourd'hui. Vous voyez voler de tous côtés ces beaux insectes à quatre ailes de gaze si bien connus sous le nom de Demoiselles. Leur appétit carnassier contraste singulièrement avec la forme si élégante, si gracieuse, qui leur a mérité ce nom. Avec quelle ardeur elles poursuivent dans les airs la proie ailée qui rarement peut leur échapper; portées sur leurs ailes rapides, elles parcourent en un clin d'œil un espace considérable et saisissent au vol la mouche qu'elles dévorent sans s'arrêter. Tout en elles est approprié à cette vie de rapine; leurs ailes sont d'une grandeur démesurée et leurs pieds sont courts et robustes, leurs mandibules sont très fortes, et leurs yeux, plus grands que ceux d'aucun autre insecte, leur permettent de voir dans toutes les directions. Elles font partie de l'ordre des névroptères, dont elles sont le type; leurs antennes sont en forme d'alène, composées de sept articles au plus, dont le dernier plus effilé dépasse à peine la tête; leurs mandibules et leurs mâchoires sont entièrement couvertes par le labre et la lèvre ; elles ont trois petits yeux lisses entre les deux gros yeux à réseau, et leurs tarses ont trois articles. On les partage en trois genres : les libellules, les æshnes et les agrions. Les libellules et les æshnes ne diffèrent guère que par la forme de l'abdomen, qui est court et aplati chez les premières, et, au contraire, cylindrique, grêle et allongé chez celles-ci. On remarque aussi une certaine différence dans les nervures des ailes, dont les antérieures présentent, près de leur base, chez les libellules seulement, une cellule triangulaire bien remarquable avec la pointe dirigée en arrière. Leurs larves ne diffèrent que par leur forme plus ou moins allongée ; elles ont toutes l'abdomen terminé par cinq lames dures et pointues.

Les agrions au contraire se distinguent bien par l'écartement des yeux, par leurs ailes plus étroites, plus faibles, qui sont rapprochées et appliquées les unes contre les autres au lieu d'être étalées. Leurs larves diffèrent aussi beaucoup ; ce sont celles que vous voyez plus effilées et plus délicates ; elles sont vertes, et leur corps est toujours terminé par trois lames en nageoire, ce qui leur permet de nager dans l'eau et de se mouvoir avec un peu plus d'agilité. En donnant quelques coups de filet dans le marais, nous allons avoir toutes ces larves en quantité. Elles sont vraiment bien remarquables par la forme singulière de la pièce qui remplace la lèvre inférieure; cette pièce, que Réaumur nommait *la Mentonnière*, recouvre, comme un masque, tout le dessous de la tête; elle est allongée, un peu plus large en avant où elle porte deux crochets mobiles, et s'articule en arrière sur un pédicule presque aussi long et mobile qui lui permet de s'avancer beaucoup. La larve, dont les mouvements sont trop lents pour lui permettre de poursuivre sa proie, se sert de cette pièce pour atteindre le petit insecte qui passe à sa portée. Cette longue palette se déploie subitement comme un ressort qui se détend; elle saisit la proie avec ses tenailles ou crochets, et la rapporte contre les mâchoires.

Une autre singularité de ces larves, c'est leur manière de respirer. Elles font entrer une grande quantité d'eau dans leur intestin, qui est garni à l'intérieur de douze rangées de petites taches noires, symétriques, composées de petits tubes respiratoires; puis, quand cette eau est épuisée de l'air qu'elle contient, elles la lancent avec force et se procurent ainsi un moyen de changer de lieu, à la manière des pièces d'artifice ou d'artillerie qui reculent par l'effet de l'inflammation de la poudre.

Les Hydrocanthares. — Nous avons pris en même temps une infinité d'insectes et de larves qui s'agitent au fond du filet ; nous pouvons compléter ici notre collection d'hydrocanthares. Voici le Dytique bordé, le Dytique de Rœsel, le Dytique cendré, le Dytique brun appelé aussi le Dytique strié. Vous remarquez que les mâles de tous ces vrais Dytiques ont les tarses antérieurs dilatés en une large palette. On a fait un genre particulier, nommé *Colymbète*, de ceux qui ont les trois premiers articles presque également dilatés aux quatre tarses antérieurs, et ne formant ensemble qu'une petite palette en carré long. Cet hydrocanthare brun à corps ovoïde, long de cinq lignes, très épais au milieu et dont les yeux sont fort saillants, est l'Hygrobie d'Hermann (*Hygrobia hermanni*). Il est remarquable par le petit cri qu'il fait entendre et qui provient du frottement de l'extrémité de son abdomen contre les élytres. On nomme hydropores tous ces petits hydrocanthares noirs, longs d'une à deux lignes, qui n'ont aux tarses que quatre articles bien distincts, le quatrième étant très petit et caché dans une fente du troisième.

Enfin ces hydrocanthares d'un gris jaunâtre, longs d'une ligne environ, et dont le corps est très bombé comme celui des hygrobies, ce sont des haliples (*Haliplus*) bien reconnaissables à une grande lame en forme de bouclier qui recouvre la base des cuisses postérieures, et ne leur permet pas de se mouvoir autrement que comme des rames.

Les Hydrophiles. — **A** leur forme plus arrondie et à leurs antennes en massue plus courtes que les palpes, vous reconnaissez les Hydrophiles; celui-ci, tout noir et trois fois plus petit que le gros hydrophile brun que vous aviez déjà, se nomme l'Hydrophile caraboïde; cet autre, long de deux lignes, d'une couleur de cuir tanné, est l'Hydrophile brun (*hydrophilus luridus*); en voilà un encore plus petit, car il a une ligne à peine, qu'on nomme l'Hydrophile gris, à cause de sa couleur : son corselet seul est noir. Ces insectes nagent tous très bien au moyen de leurs pattes postérieures, dont la surface est élargie par une frange de poils, ce qui leur permet de frapper l'eau comme avec des rames. Mais voilà des insectes de cette même famille, des palpicornes qui ne savent que marcher sous l'eau ; on les nomme *élophores* ; leur corps est oblong et leur corselet est transversal; celui-ci, long de quatre lignes, gris, avec des reflets verts bronzés, est l'Élophore gris.

Les Punaises aquatiques. — Nous trouvons réunies dans ces eaux toutes les hydrocorises ou punaises aquatiques; toutes elles font partie de la section des hémiptères hétéroptères ou à ailes d'une consistance différente vers l'extrémité; toutes aussi vivent de proie vivante et sont armées d'une trompe courte en forme de bec très pointu, avec laquelle elles piquent cruellement quand on les tient dans la main. Celle-ci, remarquable par son agilité et par sa manière de nager sur le dos, a reçu le nom de Notonecte, formé des mots grecs *notis*, dos, et *nectó*, je nage; ses pattes postérieures sont très longues, garnies de poils disposés comme des barbes de plume, et lui servant d'avirons; ses pattes de devant, plus courtes, lui servent à saisir sa proie : elle est longue de sept à huit lignes; ses élytres brunes ou bleuâtres sont disposées en toit et restent toujours couvertes d'une couche d'air qui les fait paraître argentées ou vernies sous l'eau; l'insecte, en brossant ses élytres avec ses pattes postérieures, rassemble soigneusement cet air en une bulle destinée à renouveler sa provision, quand par les touffes d'herbes ou par tout autre obstacle il est empêché de venir respirer à la surface par l'extremité de son abdomen. Cette punaise, un peu plus petite, nageant aussi sur le dos, mais dont les élytres rayées de gris et de blanc sont à plat sur le dos, est une Corise; cette autre, bien plus large, ovale, arrondie et presque plate, est une Naucore; sa couleur est un vert brunâtre.

—Voilà deux autres hydrocorises d'une forme bien étrange : elles ne nagent point; elles marchent seulement dans l'eau, ou bien se poussent par secousses; aussi, pour atteindre leur proie, sont-elles pourvues de longs bras terminés en pinces et pouvant s'allonger avec prestesse et saisir comme des tenailles un insecte plus faible qui traverse les eaux à portée de son ennemi : l'un et l'autre ont le corps terminé par deux longs filets roides qui forment en se réunissant un tuyau creux servant à respirer l'air à la surface ; celle-ci, plus large, plate, longue de dix à douze lignes sans sa queue, et toute grise, est la *Nèpe cendrée*, nommée autrefois le *Scorpion aquatique*; l'autre, très étroite, à corps presque cylindrique, long de quinze à dix-huit lignes, d'un gris jaunâtre, est la *Ranâtre filiforme*, qui fut aussi nommée d'abord la Nèpe filiforme.

La Crevette et l'Aselle.— Les bocaux de verre blanc que nous avons apportés pour conserver vivants nos insectes aquatiques, vont nous mettre à même d'observer ce petit peuple tout à notre aise : remplissez-les d'eau claire et plongez-y l'extrémité retournée de votre filet. — Voyez-vous cette foule d'animaux de formes si variées reprendre le mouvement et la vie et traverser le liquide en tout sens. Vous avez là deux espèces de crustacés des eaux douces qui manquaient encore à votre collection ; l'un est la Crevette des ruisseaux (*Gammarus pulex*), de l'ordre des amphipodes, reconnaissable à son dos courbé en arc, à ses flancs comprimés, et à ses quatorze pieds, dont les premiers servent à saisir la proie, les derniers à nager, et ceux du milieu à marcher sur le fond ; par suite de sa forme comprimée, elle se tient presque toujours sur le côté : l'autre est l'Aselle ou le Cloporte d'eau ; il marche sur les herbes et ne nage point ; son dos est plat ; il est muni de quatre antennes assez longues et de sept paires de pattes. Vous le voyez, ainsi que la crevette, agiter vivement les lames qu'il porte sous la queue : ce sont ses organes de respiration nommés aussi des branchies, comme ceux des poissons.

Ces points rouges, gros comme des graines de pavot ou de navette, qui se meuvent avec vitesse, sont des Hydrachnes ou des Tiques d'eau de la classe des arachnides ; avec la loupe vous distinguerez huit petits pieds au moyen desquels elles nagent si bien.

Les Crustacés branchiopodes. — Vous voyez en même temps des petits crustacés microscopiques de l'ordre des *branchiopodes*, c'est-à-dire de ceux dont les pieds portent des branchies ; celui qui s'élève à chaque instant dans l'eau en sautant comme une puce, c'est la *Daphnie*, qu'on nommait autrefois pour cette raison la Puce aquatique, et qui fut appelée aussi le Perroquet d'eau, parce que sa coquille s'avance en forme de bec de perroquet, ou le Monocle arborescent, parce qu'elle n'a qu'un seul œil, et que les bras qui lui servent à s'élever dans le liquide sont ramifiés comme des branches d'arbre. On ne peut rien voir de plus curieux que l'organisation de ce petit crustacé ; sa transparence permet de distinguer les battements de son cœur et le mouvement du sang qui circule dans tout son corps, et ses nerfs et les muscles qui se contractent pour mouvoir son œil, ou ses bras, ou sa queue. Ceux qui ne sont point, comme la Daphnie, renfermés dans une coquille de deux pièces, mais dont le corps allongé se termine par une queue droite, articulée, se nomment Cyclopes ; leurs mouvements sont bien plus vifs ; observez comment ils portent leurs œufs pendus dans deux petits sacs à la naissance de la queue. Ces œufs donneront naissance, non point à des cyclopes pareils à la mère, mais bien à des petits êtres d'une forme si bizarre et si différente, que Müller, célèbre naturaliste qui, le premier, fit connaître avec quelque exactitude le monde microscopique, les décrivit comme des animaux d'un autre genre, et les nomma *Amymones* ; ils n'ont que six pattes, mais bientôt ils changent de forme, et deviennent ce qu'on a nommé des *Nauplies*, puis enfin ils se métamorphosent en cyclopes.

— Ces petits corps, longs d'une ligne, ovales ou en forme de haricot, qui s'efforcent de gravir contre les parois, sont d'autres crustacés branchiopodes qu'on nomme Cypris ; ils sont renfermés comme les moules dans une petite coquille bivalve, d'où ils ne font sortir que l'extrémité de leurs six pieds et de leurs antennes.

Les Éphémères. — Dans le bocal, nous voyons nager aussi des larves d'éphémère qu'à leur forme et à leur vivacité on prendrait pour de petits poissons ; mais quand elles se posent sur les parois, on voit qu'elles ont six pattes, l'abdomen allongé, terminé par trois filets plumeux, et garni en dessus d'un double rang de feuillets arrondis qui se meuvent rapidement pour servir à la respiration. Il y en a de plusieurs espèces : les plus grandes ont six à sept lignes de longueur ; elles passent deux ou trois ans sous cette forme, et sont carnassières, ainsi que les demi-nymphes, qui en diffèrent par des étuis courts contenant les ailes. Leurs vraies nymphes sont ailées et sortent de l'eau pour subir leur dernière métamorphose ; elles voltigent çà et là et se fixent sur le premier objet qu'elles rencontrent pour s'y dépouiller en quelques instants de leur enveloppe. Aussi voit-on fréquemment sur les herbes, sur les murs ou sur les vitres des appartements, et sur ses propres vêtements, si on a passé près d'une rivière ou d'une pièce d'eau, ces enveloppes blanches conservant la forme de l'insecte, de ses parties les plus délicates, et même des ailes. Voilà des éphémères qui volent lentement en se balançant près de la surface de l'eau pour déposer leurs œufs : ce sont des mouches à quatre ailes réticulées, de l'ordre des névroptères ; mais les ailes inférieures sont toujours très petites, et même elles finissent par disparaître dans cette espèce qu'on nomme l'Éphémère diptère. Celle-ci a deux filets à la queue, d'autres en ont trois : telle est l'Éphémère commune, la plus grande de toutes ; ses ailes sont tachetées de brun. Les éphémères n'ont que des antennes très courtes, mais leurs longues pattes antérieures dirigées en avant pourraient être prises pour de longues antennes ; leur bouche est presque nulle, aussi n'en ont-elles pas besoin, car elles ne vivent que quelques heures sous cette forme, comme l'indique leur nom d'Éphémère. Elles sont si communes le long de certaines rivières, qu'on les voit tomber comme la neige ; elles servent alors de nourriture à beaucoup d'animaux, et les pêcheurs les ont nommées la *Manne des poissons*.

L'Araignée aquatique. — Voyez cette araignée nageant et poursuivant sa proie sous les eaux, c'est l'Araignée aquatique, ou l'Argyronète, ainsi nommée du mot grec *argyros*, argent, parce qu'elle s'entoure d'une couche d'air qui sous les eaux a le brillant de l'argent poli. Au contraire des autres araignées, celle-ci file sa toile sous l'eau ; elle se fait une habitation sèche et pleine d'air où elle transporte, pour la dévorer à son aise, la proie qu'elle a chassée sur la terre ou sur l'eau, car elle est véritablement amphibie. Ce qu'elle nous offre de plus curieux, c'est le procédé qu'elle emploie pour construire son habitation. Elle commence par tendre quelques fils de soie entre des brins d'herbe, et achève une toile en réseau lâche, puis elle s'élève à la surface de l'eau en nageant sur le dos, expose son ventre à l'air, et, comme il est couvert d'un duvet très court qui empêche l'eau de le mouiller, l'air s'y attache et forme à la surface une couche que l'insecte, en plongeant promptement, peut entraîner sous l'eau. Cette couche ou lame d'air, notre araignée va la déposer sous son réseau de soie, où elle forme une bulle ronde; elle répète aussitôt la même manœuvre, et continue à apporter de nouvelles bulles d'air jusqu'à ce qu'elle ait ainsi formé un petit édifice aérien assez vaste pour la loger à l'aise avec son butin.

La Mouche-scorpion. — Sur ces buissons ombragés, sur ces touffes de viornes, vous voyez voltiger en foule une mouche noirâtre longue de sept à huit lignes, à quatre ailes bigarrées, que son vol pesant nous permet d'atteindre aisément; c'est la Panorpe (*panorpa communis*), qu'on nommait autrefois la Mouche-scorpion, parce que l'abdomen du mâle est terminé par une queue brunâtre formée de trois articulations arrondies, dont la dernière est une pince qui rappelle l'arme terrible du scorpion, mais qui ne peut aucunement faire du mal. La femelle, au lieu de cette queue de scorpion, a simplement un tuyau jaunâtre mince qui lui sert à déposer ses œufs. Quoique cette mouche soit si commune, on ne sait point où vit sa larve. Ce que cet insecte a encore de particulier, c'est le prolongement de sa tête en manière de bec ou de trompe, brune, dirigée perpendiculairement en dessous et terminée par de petites mâchoires et des palpes. Les tarses ont cinq articles, et les ailes veinées et tachetées de noir sont allongées et rapprochées sur le corps.

La Semblide. — Cette autre mouche enfin, si commune sur toutes les herbes autour de l'étang, et qui ne paraît pas songer à fuir, c'est la Semblide de la boue (*semblis lutarius*), réunie autrefois avec les Hémérobes, parce que, comme eux, elle a des antennes en filet, quatre palpes et cinq articles en tarses ; elle s'en distingue non seulement par la forme et les habitudes de sa larve, mais encore par la forme du corselet et des palpes : ses ailes brunes, dilatées vers le bord, comme plissées, sont couchées horizontalement sur le dos au lieu d'être en toit.

Dixième Promenade.

(25 JUILLET.)

LES FOURMIS ET LEUR INDUSTRIE.

LES FOURMIS ET LEUR INDUSTRIE. — C'est de la maison de campagne que nous devions commencer notre promenade aujourd'hui, mais nous étions incertains encore sur le choix d'une localité à explorer. Eh bien, suivons la route de ces fourmis qui, partant de la maison où elles vont piller le sucre et les autres provisions, se dirigent à travers le jardin : nous trouverons sous les pots de fleurs l'entrée de leurs souterains ; ici même, sous cette grosse pierre où leurs sentiers aboutissent, nous verrons peut être l'intérieur de l'habitation ; en effet, vous remarquez les canaux creusés dans la terre, qu'ont ameublie ces ouvrières. — Quelle révolution soudaine nous avons causée dans la république! Toutes ces fourmis sont occupées à rentrer au plus vite les larves et les nymphes, ces corps blancs, ovales, qu'on prend à tort pour leurs œufs; celles qui les enlèvent avec une si tendre sollicitude, quoique ce ne soient pas leurs enfants, sont des ouvrières qui ne sont ni mâles ni femelles; elles ont la tête plus grosse et n'ont jamais d'ailes comme ces autres fourmis que vous distinguerez les unes des autres en ce que les femelles sont bien plus grosses que les mâles et toujours pourvues d'un aiguillon que ceux-ci ne possèdent jamais. Le genre nombreux des fourmis fait partie de la famille des hétérogynes, dans les hyménoptères porte-aiguillon. Cette famille des hétérogynes, dont le nom signifie *femelles dissemblables*, se distingue en effet parce que les femelles diffèrent beaucoup des mâles, et que le plus souvent en outre il existe une troisième sorte d'individus neutres chargés de pourvoir à l'éducation et à la nourriture des larves. On reconnaît d'ailleurs les fourmis à leurs antennes qui sont coudées et comme brisées, et à la manière dont leur abdomen est uni au thorax par un pédicule mince portant un nœud ou une petite écaille en forme de lentille.

Les fourmis vivent d'insectes morts, de sucs de plantes et de fruits, du pollen des plantes et de miel. Elles rongent aussi les provisions de toute sorte, et principalement le sucre dont elles sont très friandes ; souvent elles creusent le tronc des arbres et des arbustes, tant pour se nourrir que pour se faire un logement et pour prendre des matériaux ; souvent même elles attaquent les racines en poussant leurs galeries souterraines. Malheur à l'horticulteur dont elles ont résolu d'attaquer les caisses à fleurs ; il n'a d'autre moyen efficace de détourner le fléau que de poser les quatre pieds de la caisse dans autant de vases pleins d'eau. Quelquefois, pour préserver des arbres de pleine-terre, on suspend aux branches des flacons à moitié remplis d'eau fortement miellée, et dans laquelle les fourmis viennent se noyer, ou bien on fait autour du tronc une ceinture de glu ou de ouate dans laquelle les fourmis s'engagent et meurent. On réussit même en frottant l'écorce avec de la craie dont les petits grains non agrégés, se détachent et tombent avec la fourmi qui essaie de passer par-dessus.

Odeur des fourmis, acide formique. — Suivons ces fourmis déjà en route pour aller à la provision, et celles qui en reviennent ; vous êtes surpris de les voir suivre si exactement toujours le même chemin quoique rien ne le fasse reconnaître ; mais regardez-les de bien près, vous verrez

17*

qu'avec leurs antennes elles palpent continuellement le terrain , c'est pour le sentir. Vous pouvez
vous en assurer en arrachant les antennes de
l'une de ces fourmis : la malheureuse est alors
tout-à-fait déroutée, elle ne connaît plus son chemin ; mais voici ses camarades qui vont sans
doute la soigner ; elles s'empressent autour d'elle
et dégorgent sur ses blessures une liqueur blanche : c'est le sirop ou miel qu'elles venaient de
recueillir pour leurs larves. Passez fortement
le doigt sur leur chemin, vous enlevez ainsi le
gravier rendu odorant par leur passage continuel ; les voilà qui s'arrêtent tout court] au bord
de la barrière invisible qu'on a tracée , puis elles
s'en retournent, reviennent et font cent tours et
détours en se touchant mutuellement avec leurs
antennes comme si elles se parlaient, jusqu'à ce
qu'il s'en trouve une assez brave pour frayer un
chemin dans ce petit désert. Toutes les autres
suivent alors les pistes de la première, et bientôt
le chemin est redevenu aussi fréquenté qu'il l'était
d'abord. Vous voulez, n'est-ce pas, savoir quelle
odeur particulière et pourtant imperceptible elles
ont communiquée à leurs chemins : eh bien ! com-
mencez par teindre en bleu un morceau de papier
en le frottant avec quelque fleur bleue ou violette;
puis faites marcher dessus des fourmis que vous

tourmentez ; chacune d'elles a produit des taches
et des traînées rouges en altérant la couleur bleue
comme le ferait du fort vinaigre. Les doigts qui
ont pressé ces insectes conservent une odeur pi-
quante et pénétrante due, ainsi que l'altération
de la couleur bleue, à un acide particulier nommé
l'acide formique que les chimistes savent extraire
des diverses sortes de fourmis et surtout de la
grosse fourmi rousse (*formica rufa*). C'est cet
acide encore qui donne au sucre, sur lequel les
fourmis ont l'habitude de passer dans les armoires,
un goût acide assez agréable. Un curieux s'avisa
un jour de faire un sirop avec des morceaux de
sucre qu'il avait laissés pendant quelque temps
dans une fourmilière, et il assure que ce sirop
était excellent ; il y a même des personnes qui
mangent avec délices les fourmis à cause de cet
acide qu'elles renferment, et dont le goût, disent-
elles, ne le cède pas à celui du jus de citron.

Vous avez déjà vu avec quel empressement les
ouvrières ont cherché à réparer le dommage que
nous avons causé à leur fourmilière, et combien
leurs mandibules sont fortes, puisqu'elles portent des morceaux de bois trois ou quatre fois
plus gros que leur corps. Vous serez encore
plus étonnés quand vous saurez comment elles
parviennent, en se réunissant, à vaincre des

obstacles qu'on croirait insurmontables pour elles. Un jour, quand j'étais jeune, je bouchai avec une petite pierre un trou de fourmis dans une muraille; ces insectes furent d'abord bien embarrassés; mais bientôt celles qui étaient dehors et ne pouvaient rentrer, s'avisèrent de s'accrocher les unes aux autres de manière à former une chaîne dont l'extrémité aboutissait à la pierre sur aquelle se réunissaient ainsi tous leurs efforts; les prisonnières de leur côté poussaient par dedans, de sorte que la pierre tomba au grand contentement des unes et des autres.

Tout étant raccommodé dans leur fourmilière, nos fourmis ont repris leur train de vie habituel. Il y a des individus de leur caste, mais bien plus gros, à mandibules très fortes et à tête extrêmement grosse, que l'on nomme les capitaines, et qui punissent sévèrement, souvent même en les croquant, les ouvriers désobéissants ou paresseux.

Les fourmis amazones et leurs esclaves. — Allons maintenant dans le bois voisin pour trouver d'autres fourmilières, faisons une brèche dans l'édifice. Vous pouvez reconnaître tout d'abord que cette fourmilière renferme des fourmis de deux espèces différentes : les unes sont longues de trois lignes, allongées, d'un roux pâle;

eurs mandibules sont étroites, arquées, presque sans dents; elles ont trois petits yeux lisses sur le front; le corselet élevé en arrière, l'abdomen fixé au thorax par un pédicule de trois nœuds, dont les deux premiers portent chacun une paire de pattes. Ces fourmis sont les maîtresses de la ville; elles appartiennent au genre Polyergue (*Polyergus*), où l'aiguillon n'existe pas, et qui ne renferme que cette seule espèce, le Polyergue roussâtre (*P. rufescens*).

L'autre espèce est plus petite, à tête et abdomen noirs, à bouche, dessous de la tête, premier article des antennes, corselet et pieds d'un jaune pâle; c'est une vraie fourmi, la fourmi mineuse (*formica cunicularia*), qui habite dans le gazon des champs et des prés secs et surtout au bord des chemins; les monticules de terre qu'elle entasse sont petits et arrondis, mais ce ne sont que les toits ou les cheminées de son habitation souterraine. Ces fourmis étrangères sont les esclaves des grosses; elles ont été enlevées de leurs foyers à l'état de larves, de nymphes ou même d'insectes parfaits, par celles-ci, qui, pour cette raison, sont nommées Amazones. Dans leurs expéditions, où les fourmis rouges vont enlever les noires, comme les colons de l'Amérique enlevaient les nègres de la côte d'Afrique pour en faire des esclaves, elles

sont conduites par les capitaines et marchent en
colonne serrée ou en légions, c'est pourquoi on les
appelle aussi légionnaires ; elles emploient leurs
esclaves aux travaux les plus pénibles, et se font
aider ou remplacer par elles dans l'éducation de
leurs nymphes et de leurs larves. Il y a deux
espèces de fourmis amazones : la polyergue rougeâtre et la fourmi sanguine (*formica sanguinea*).
On reconnaît aussi deux espèces parmi les esclaves : la fourmi mineuse et la fourmi noire cendrée
(*F. fusca*).

Vous voyez dans notre fourmilière des mâles
et des femelles déjà éclos, et qui pourraient
s'envoler s'il leur était permis ; mais les ouvrières n'ont pas encore, à ce qu'il paraît, jugé que
le temps fût convenable. Plus tard, elles faci-
literont l'évasion des fourmis ailées, à l'exception de quelques femelles auxquelles elles arracheront les ailes pour les obliger de faire leur
ponte dans la fourmilière. D'autres femelles y
reviendront aussi faire leur ponte, et les autres,
lorsqu'elles auront choisi un site d'établissement,
s'arracheront elles-mêmes les ailes désormais
superflues. Celles qui seront restées dans la
fourmilière en seront chassées aussitôt après avoir
fait leur ponte, par ces mêmes ouvrières qui les
avaient tant soignées jusqu'alors, et qui même

les avaient aidées à se dépouiller de leur enveloppe de nymphes.

La Fourmi rousse et sa Fourmilière. — Voici
une autre fourmilière bien plus grande : elle
forme un dôme haut de trois pieds ; on dirait
une petite maison ; vous entendez au dedans un
bruit confus causé par le mouvement et le travail des fourmis. Si nous entamons cette fourmilière, nous sentons d'abord une odeur très
pénétrante : c'est celle de l'acide formique presque pur, lancé par ces insectes pour repousser
l'ennemi. S'il vous en fût tombé sur les mains,
il vous aurait causé le même effet que des piqûres d'ortie. Les fourmis maîtresses de l'habitation sont en effet des fourmis rousses (*Formica rufa*). Elles sont longues de trois lignes,
presque glabres ou sans poils ; la tête est d'un
rouge fauve assez vif ; les antennes sont noires,
excessivement petites ; le corselet est fauve avec
le dos ordinairement noir ; le pédicule de l'abdomen est formé d'une grande écaille ovale ; l'abdomen est un peu cendré, presque globuleux.
Cette fourmi se trouve dans toute l'Europe :
c'est d'elle qu'on retire plus facilement l'acide
formique ; en Suède même, dit-on, les paysans
savent l'extraire, et s'en servent pour donner
aux crèmes un goût de jus de citron. Dans ce

pays aussi on trouve dans les fourmilières de la résine de genévrier récoltée par ces fourmis, en morceaux gros comme des petits pois, et qui, brûlée sur des charbons ardents, répand une odeur agréable. Vous pourrez trouver dans cette même fourmilière plusieurs petits insectes coléoptères que l'on ne rencontre que là. On y voit aussi une grosse larve blanche, à tête et pieds bruns, et ressemblant beaucoup à celle du hanneton. C'est une larve de cétoine qui se nourrit du terreau formé par la décomposition des débris entassés dans la fourmilière.

Les Myrmica. — Levez maintenant des mousses au pied des arbres, vous y trouverez d'autres fourmilières bien moins considérables. En voici précisément une ; elle appartient à un genre fort curieux, celui des Myrmica qui ont le pédicule de l'abdomen formé de deux nœuds et qui portent un aiguillon. Notre Myrmica, quoique petite (deux lignes de long), s'en sert même fort habilement pour faire des piqûres très cuisantes : elle est entièrement rougeâtre, avec la tête et le corselet très joliment ciselés ; son abdomen est luisant et lisse, avec le troisième anneau brun. Le microscope nous fait reconnaître dans notre fourmi d'autres particularités fort curieuses : elle a une épine sous e premier nœud de son pédicule, et deux autres épines en arrière du corselet. Nous avons donc trouvé déjà des fourmis de trois genres différents : les fourmis et les polyergues manquent d'aiguillon et ont le pédicule de l'abdomen d'un seul nœud ; mais elles diffèrent en ce que les fourmis ont les antennes insérées près du front et les mandibules triangulaires et dentées, au lieu de les avoir étroites et presque sans dents, et d'avoir les antennes insérées près de la bouche comme les polyergues. Un autre genre, celui des Ponères, renferme des fourmis fort rares, presque aveugles, à aiguillon, dont le pédicule de l'abdomen n'a qu'un seul nœud, et qui vivent sous les pierres en société peu nombreuse. Enfin les Myrmica ont aussi un aiguillon, mais le pédicule de l'abdomen est formé de deux nœuds.

Les Pucerons ou les Chèvres des fourmis.—En suivant le chemin des fourmis, nous arrivons à cet églantier chargé de pucerons qu'elles vont trouver, et qu'elles caressent avec leurs antennes pour qu'ils rendent par deux pointes qu'ils ont sur le dos une liqueur sucrée qu'elles avalent à l'instant. Lorsque les fourmis ont le jabot rempli de ce miel, elles reviennent au gîte où elles le dégorgent et donnent la becquée aux larves qui sont incapables de toute espèce de mouvement, n'ayant pas de pieds ni d'organes exté-rieurs. Quelques espèces emmènent des pucerons dans leur fourmilière pour les y enfermer et pouvoir les traire à loisir ; d'autres les enferment à l'extrémité des branches de groseillers et de quelques autres arbres, dans de vraies étables fermées tout autour de murs bien gâchés avec de la terre ; c'est ce qui a fait donner aux pucerons les noms de *Chèvres* ou *Vaches* des fourmis. Mais il y a d'autres insectes hémiptères, comme les cochenilles et les cicadelles, que les fourmis sucent aussi. Le plus souvent les fourmis n'emprisonnent pas leur bétail : telles sont celles que nous avons ici sous les yeux ; mais il y en a qui, au lieu de rester pendant leurs voyages exposées à la pluie ou au soleil, comme les nôtres, se font une galerie voûtée avec de la terre gâchée.

Il faut ranger parmi les fables tout ce qu'on a dit de la prévoyance des fourmis : une grande partie de leurs provisions ne sont pour elles que des matériaux de construction. Les provisions qu'elles feraient pour l'hiver ne leur serviraient de rien, puisque les mâles et les femelles meurent à l'automne, et que les ouvrières restent engourdies et comme mortes pendant tout l'hiver.

Squelettes préparés par les fourmis. — Les fourmis sont fort utiles en ce qu'elles partagent, avec les insectes carnassiers et enterreurs, la mission de faire disparaître les cadavres. On a mis à profit leur habileté pour obtenir de petits squelettes mieux préparés que par aucun anatomiste ; j'ai moi-même fait disséquer, en moins de vingt heures, en été, des grenouilles, des lézards et des serpents par ces fourmis, en les mettant dans leur habitation ; les os étaient aussi blancs et aussi nets que si on leur eût fait subir diverses préparations fort longues. Mais il faut avoir soin de confier aux plus petites espèces de fourmis, pour en faire des squelettes, les animaux dont les os sont plus délicats, et de ne pas leur laisser cet ouvrage trop long-temps, parce que dans ce cas elles mangent même les ligaments et les cartilages, et dispersent les plus petits os.

Onzième Promenade.

(20 AOUT.)

LA CHASSE NOCTURNE. — LES LIEUX SABLONNEUX. — LES SAUTERELLES.

Malgré le soleil brûlant qui a desséché la verdure, nous dirigerons aujourd'hui notre course vers les lieux arides et sablonneux où nous devons trouver des insectes que vous ne connaissez pas encore ; mais auparavant jetons un coup d'œil sur ceux que vous avez attirés suivant mon conseil, en laissant ouverte pendant la nuit la fenêtre d'une chambre bien éclairée et donnant sur la campagne.

LA CHASSE NOCTURNE. — *Le Réduve.* — Cet hémiptère noirâtre, long de huit lignes et large de trois, dont la trompe courte est recourbée comme un bec, et dont la tête est rétrécie en manière de cou, c'est le Réduve masqué (*Reduvius personatus*). Ce nom lui vient de ce que sa

larve vit dans les ordures et la poussière, dont
elle se fait une enveloppe ou un masque. Quand
vous l'avez pris, il faisait entendre un petit cri
aigu produit par le frottement de son corselet ;
il se nourrit de proie vivante : il s'approche peu
à peu et s'élance brusquement sur les mouches
et les autres insectes que sa piqûre fait périr à
l'instant. On doit même en le prenant se méfier
de sa trompe, car elle se fait sentir cruellement.

Le Lampyre ou Ver-luisant. — Ce coléoptère
pentamère, long de quatre lignes, mou, noirâtre,
dont les antennes sont en scie et dont le corselet
dilaté et jaunâtre au bord recouvre la tête, est précisément le mâle du Ver-luisant (*Lampyrus nocti-
luca*), que vous avez trouvé si souvent sous les
pierres pendant le jour, ou bien dans le gazon le
long des haies, où il brille avec éclat quand la
nuit approche. Cette femelle tout-à-fait sans ailes
et sans élytres, a la forme d'un ver plat, mou,
long de six lignes, avec de très petites pattes et
des antennes plus courtes que celles du mâle ;
c'est par les deux derniers anneaux de l'abdomen qu'elle répand surtout la lueur phosphorique
qui lui a mérité son nom. Le mâle lui-même produit aussi une faible lumière ; sa larve, qu'on
trouve sous les mousses, est carnassière et s'atta-

que souvent aux petits limaçons comme celle du drile, qui fait partie de la même tribu des lampyrides dans la famille des serricornes.

Le Ténébrion meunier, ce coléoptère hétéromère noir, long de sept à huit lignes et large de deux, est venu aussi voler autour de la lumière ; il est brun en dessous, ses antennes sont en chapelet, son corselet est plus long que large, et ses élytres sont sillonnées.

L'Ophion, le Petit-Pourceau, les Phalènes. — Vous avez pris de la même manière cet hyménoptère jaune-rougeâtre de la grande famille des ichneumons ; son abdomen est comprimé latéralement en faucille, et tronqué à l'extrémité où il porte une tarière très courte ; ses antennes sont longues, en fil, ses yeux sont verts ; il est long de six à huit lignes, et se nomme l'Ophion jaune. Il pond sur la chenille à *queue-fourchue (Bombyx* ou *Dicranoura vinula)* des œufs fixés par un long pédicule ; bientôt il en sort des larves qui, tout en suçant la chenille, restent cramponnées à leur coque par l'extrémité postérieure ; quand elles ont acquis tout leur développement, elles se filent de petits cocons les uns contre les autres dans le cocon même de leur victime, qui n'est morte d'épuisement qu'après avoir filé ; de sorte qu'au lieu d'un papillon, on en voit sortir toute une famille d'ophions.

Il vous est venu également beaucoup de papillons nocturnes; voilà même un crépusculaire ou sphinx qu'on nomme le *Petit-Pourceau* (*Sphinx porcellus*). Il est large de seize à dix-huit lignes; ses ailes supérieures sont bigarrées de fauve et de rouge terne, et les inférieures sont brunes à la base avec une bande fauve et le bord rouge. Sa chenille, qui mange les feuilles de vigne, est amincie en avant et présente une sorte de groin, c'est pourquoi les anciens naturalistes l'avaient nommé la *Cochone*.

Ce beau papillon nocturne, large d'un pouce et demi, et dont les ailes d'un beau brun sont traversées par une large bande jaune et portent en outre un point blanc au milieu, est le Bombyx du chêne : on le nommait autrefois le *Minime à bande*.

Ces petits papillons, à ailes étroites rapprochées du corps, font partie de la section des Teignes ou Tinéites. Celui-ci, dont les ailes supérieures sont d'un blanc luisant avec des points noirs très nombreux et les inférieures noirâtres, est l'Yponomeute du fusain; il a une trompe bien distincte, ses palpes inférieurs sont relevés par-dessus la tête.

Enfin ces papillons sans trompe, à ailes larges, étalées, vivement colorées et frangées, à antennes en peigne, et dont l'abdomen est si mince , ce sont des Phalènes. Celle-ci, dont les ailes blanches sont mouchetées de noir et dont les supérieures portent aussi deux bandes orangées , est la Phalène du groseiller. Cette autre encore plus grande, d'un jaune pâle , est la Phalène du sureau.

Vous ferez bien de renouveler souvent ce genre de chasse à la lumière ; il vous procurera beaucoup d'insectes que vous chercheriez peut-être vainement dans la campagne , parce qu'ils sont cachés pendant le jour.

La chasse le long des chemins. — *La Belle-Dame et les Satyres.* — Mettons-nous en route. Parmi tous ces papillons de jour vous voyez voler une des plus jolies Vanesses (*Venessa cardui*)· on la nomme la *Belle-Dame.* Ses ailes sont variées de taches noires, blanches et rouges en dessus, et montrent en dessous une marbrure élégante grise et jaune avec cinq taches en forme d'yeux. Ce papillon blanc marqueté de noir (*Satyrus galathea*), était nommé autrefois le *Demi-Deuil.* Comme ces autres papillons fauves si communs, il fait partie du genre *Satyre,* lequel, comme les vanesses, n'a que quatre pieds proprès à la marche; mais les satyres se distinguent par les palpes inférieurs très comprimés, avec la tranche aiguë hérissée de poils ; par les antennes dont le bouton est plus grêle et allongé, et enfin parce que les chenilles sont nues, rétrécies et fourchues en arrière.

Ce satyre gris-brunâtre qu'on nomme l'*Ariane* (*Satyrus mœra*) est large de vingt lignes ; ses ailes supérieures portent des taches carrées jaunes et un double œil noir à centre blanc; les ailes inférieures ont près du bord cinq taches jaunes portant aussi des yeux noirs, dont trois seulement ont un point blanc. Le dessous des ailes supérieures est plus clair et présente les mêmes taches ; les inférieures présentent des lignes brunes en zigzag sur un fond gris cendré, et six yeux, dont un double, entourés de cercles concentriques noirs, jaunes et bruns.

Cet autre à ailes dentées brunes en dessus, avec un œil sur les supérieures qui, dans les femelles, ont une tache fauve, est le *Myrtil* (*Satyrus janira.*) Ses ailes inférieures sont grises en dessous avec une bande plus claire jaune, et deux petits yeux.

En voici un, moitié plus petit, qui a les ailes d'un jaune fauve ; il porte sous les supérieures un seul œil ; les inférieures sont grises en des

sous avec une bande et quatre yeux peu mar-
qués : on le nomme le *Pamphile (Satyrus pam-
philus.)*

Le Citron, le Souci et l'A gus. — Son nom
seul vous fera reconnaître ce grand papillon tout
jaune à ailes anguleuses portant chacune un
point brun, et à antennes roses : c'est le *Citron*
ou la Coliade du Nerprun (*Colias rhamni*) qui
fait partie d'un genre très voisin des piérides,
ayant de même six pieds propres à la marche et
caractérisé par ses antennes renflées peu à peu
en massue allongée, et pa ses palpes très comprimés, ayant le dernier article beaucoup plus
court que le précédent. Voici une autre coliade
qu'on nomme le *Souci (Colias Edusa)* ; ses ailes
en dessus sont d'un jaune d'or avec une tache
et le bord noir.

Vous venez de prendre l'*Argus alexis*, ce
joli papillon qui a mérité ce nom d'Argus à cause
du grand nombre des yeux dont ses ailes sont
ornées en dessous. Le mâle est d'un bleu céleste
magnifique en dessus et la femelle est brune, aussi
les avait-on pris d'abord pour deux espèces différentes. Ils font partie du genre *Polyommate*,
dont le nom veut dire en grec *yeux nombreux*,
quoiqu'il renferme aussi des espèces qui n'ont
point de ces taches en forme d'yeux, telles que

l'argus vert ou polyommate vert, Ce genre est caractérisé par les palpes inférieurs ayant trois articles distincts dont le dernier presque nu, et par la forme des chenilles qu'on a nommées Chenilles-Cloportes.

Le Charançon de l'arti haut. — Sur toutes les fleurs de chardon vous voyez un coléoptère porte-bec à antennes coudées ; il est oblong, noirâtre, et comme saupoudré d'une poussière grise verdâtre : c'est le Rhinobate de l'artichaut (*Rhinobatus cinaræ*). Il a jusqu'à quatre lignes de longueur ; sa larve vit dans les têtes d'artichaut ou de chardon. Une espèce plus petite, le *Rhinobatus odontalgicus*, avait été nommée d'abord le Charançon odontalgique, parce qu'on lui avait supposé la propriété de guérir les maux de dents.

Le Byrrhus et l'OEdémère. — En levant cette grosse pierre, nous avons trouvé un coléoptère brun qui, rapprochant de son corps ses pattes et ses antennes, pour faire le mort, a l'air d'une petite boule ; aussi l'a-t-on nommé le *Byrrhus pilule.* Il est long de quatre à cinq lignes, couvert d'un duvet soyeux formant des rayures ; ses pattes, courtes et robustes, ont cinq articles aux tarses, et ses antennes sont en massue : il fait donc partie de la famille des clavicornes.

Dans ces champs moissonnés on voit beaucoup de camomilles en fleurs ; c'est ordinairement sur cette plante que l'on trouve la *Cerocome de Schœffer*, joli coléoptère hétéromère, long de trois à quatre lignes, d'un vert doré avec les antennes jaunes dilatées à leur base, et formant à cet insecte une chevelure dressée, comme l'indique son nom tiré du grec.

Votre filet, en passant sur les herbes fleuries, vous a rapporté la Mordelle à bandes (*Mordella fasciata*) ; ce petit hétéromère noir a deux bandes satinées grisâtres sur les élytres ; sa tête enfoncée dans le corselet, son abdomen comprimé et terminé en pointe, lui donnent une figure toute particulière ; ses cuisses postérieures sont longues et lui servent à sauter.

Les Leptures. — Sur les fleurs de carotte et sur les autres fleurs en ombelle, nous trouvons divers coléoptères de la famille des longicornes. Ceux qui ont les yeux arrondis, la tête rétrécie brusquement en arrière, et les étuis rétrécis vers le bout, sont des Leptures, ainsi nommées du mot grec *Leptos*, mince : voici la Lepture tomenteuse, longue de six à sept lignes, bien reconnaissable à son corselet globuleux noir, couvert d'un duvet jaunâtre, et à ses élytres jaunes, noires au bout. Cette autre, un peu plus

longue , qui a le corselet noir presque conique ,
le corps allongé, noir, les élytres jaunes avec
quatre bandes noires, et les jambes entrecoupées
de jaune et de noir , est la Lepture à éperons
(*Leptura calcarata*). On nomme *Leptura has-
tata*, celle-ci, longue de cinq à six lignes, parce
que ses élytres rouges présentent une tache
noire en fer de lance ; et enfin le nom de
Leptura melanura , qui veut dire à queue
noire, a été donné à cette petite lepture dont les
élytres rouges sont noircies au bout.

LES ORTHOPTÈRES. — *Les Sauterelles.* — Sur
ce gazon à moitié desséché, vous voyez sauter ou
voler une quantité d'insectes orthoptères que vous
connaissez sous le nom de sauterelles ; mais nous
devons distinguer entre elles des espèces et même
des genres différents. Vous remarquez d'abord
qu'il y en a dont les antennes sont très longues et
amincies au bout, ce sont des sauterelles proprement dites (*Locusta*). Celle qui, longue de deux
pouces, est entièrement verte, avec les élytres demi-
transparentes, très allongées, est la Grande Sauterelle (*Locusta viridissima*). La femelle seule
a l'abdomen terminé par une longue tarière
droite en forme de sabre, qui lui sert à déposer
ses œufs profondément en terre. Cette autre,

moitié plus petite, verte, avec deux lignes jaunes sur le corselet et dont la tarière est courte, large et recourbée, est la Sauterelle feuille de lys (*L. Liliifolia*). Voici la Sauterelle grise qui est de même grosseur et dont la tarière brune est encore plus courte.

Voyez cette grosse sauterelle grise sans ailes à corps court et ramassé, à corselet bombé, rugueux avec des élytres très courtes, ridées, formant par leur réunion une espèce de selle; on en a fait un genre particulier sous le nom d'Ephippigère, qui veut dire, en latin, porte-selle.

Les Criquets. — Nos autres sauteurs, dont les antennes sont courtes, également grosses dans toute leur longueur, et qui n'ont jamais de tarière, forment le genre criquet (*Acrydium*); l'un, varié de gris et de noir, et dont les ailes, d'un beau rouge transparent, sont noires à l'extrémité, est le Criquet à ailes rouges (*Acrydium stridulus*); cet autre, qui en diffère surtout par la couleur de ses ailes, est le Criquet à ailes bleues (*Acrydium cœrulescens*). En voici un troisième dont les ailes sont d'un bleu clair à la base et transparentes au bord : on le nomme le Criquet bleuâtre (*Acrydium cœruleum*). Un autre plus grand à corselet vert et gris, à jambes rouges et ailes verdâtres traversées par une bande noire, est le Criquet à bande noire (*A. nigro-fasciatum*). Ce dernier enfin verdâtre ou brunâtre, long de huit à dix lignes, qui a les ailes blanches et deux lignes blanches formant un X sur le corselet, est le Criquet bimoucheté (*Acrydium biguttulum*).

Ces autres petites sauterelles brunes, sans taches sur le corselet, et dont les antennes sont renflées en massue à l'extrémité, forment un genre particulier nommé *Gomphocère*. On a fait aussi, sous le nom de *Tetrix*, un genre de ces petits orthoptères d'un gris foncé, longs de quatre à six lignes, dont le corselet se prolonge en arrière en une pointe carénée, au moins aussi longue que l'abdomen. Leurs ailes très délicates sont ployées en éventail sous le prolongement du corselet, et présentent, quand on les étend, les reflets de la nacre.

Le Grillon des champs. — Les trous larges de trois à quatre lignes que vous voyez çà et là, sont l'entrée de l'habitation du Grillon des champs (*Grylus campestris*). Il est brun luisant et beaucoup plus gros que le grillon domestique. Il se tient à quelques pouces de l'entrée de sa caverne, guettant la proie qui passerait à sa portée.

Pour le prendre lui-même, vous n'avez qu'à faire avancer près de la porte un petit insecte attaché à l'extrémité d'un crin, le grillon s'y accrochera aussitôt et se laissera tirer dehors plutôt que de lâcher sa proie. Un moyen plus simple encore, connu des anciens, cité par Pline le naturaliste, et pratiqué encore aujourd'hui par les enfants, consiste à enfoncer un brin de paille dans la caverne du Grillon ; celui-ci sort à l'instant comme pour demander raison de l'injure qu'on lui fait, et il suffit pour le prendre de lui fermer le retour. C'est de là qu'était venu le proverbe latin *stultior gryllo* (plus sot qu'un grillon), pour désigner celui qui se fâche d'un rien, et qui donne dans tous les piéges qu'on lui tend.

Ravages causés par les sauterelles. — Vous avez entendu parler des dégâts terribles causés par les sauterelles dans les pays chauds : ces sauterelles sont des Criquets voyageurs (*Acrydium migratorium*). Ils arrivent presque chaque année en formant dans les airs des nuages qui obscurcissent la clarté du jour, et détruisent toute la verdure des endroits où ils s'abattent, comme si le feu y passait. Le bruit qu'ils font ressemble au bruit lointain d'une armée occupée à fourrager dans la campagne; ils mangent d'abord les grains et les végétaux les plus tendres, puis, bientôt pressés par la faim, ils rongent aussi les chaumes et les tiges avant de songer à s'en aller plus loin. Aussi, comme vous pensez bien, on a essayé tous les moyens pour se délivrer de ce fléau. Quelquefois on les fait écraser par des troupeaux courant en tout sens; ailleurs on promène sur les champs un drap soutenu par deux bâtons et formant la poche comme une voile de bateau, les criquets s'y entassent et on les écrase en masse, ou mieux encore, on plonge le drap dans l'eau bouillante et l'on emploie les insectes cuits à la nourriture des cochons. Souvent aussi on fait une battue dans la campagne de manière à pousser graduellement tous les criquets vers une fosse qu'on a creusée exprès et où ils sont écrasés, puis dévorés par la volaille; mais on a remarqué que la chair des animaux engraissés avec des criquets a un goût détestable.

Le chant des Sauterelles. — Pendant la pause que nous venons de faire, les sauterelles et les criquets ont repris leur train de vie habituel. Voilà des sauterelles qui chantent assez près de nous pour que nous puissions voir le mécanisme de leur instrument. Ce sont les mâles seuls qui se font entendre; vous les reconnaissez, parce qu'ils n'ont point de tarière; ils produi-

19*

sent leur cri en frottant l'une sur l'autre avec vitesse deux petites plaques brillantes situées à la base des élytres, et nommées les Miroirs. Quant au criquet, c'est d'une autre manière qu'il fait sa musique ; il joue du violon en frottant sa jambe sur le bord de son élytre, tantôt à droite et tantôt à gauche. C'est un pitoyable archet que cette jambe dentée en scie, et mesdames les criquettes n'ont pas le goût difficile si cette musique les réjouit.

La chasse dans les vignes. — *La Cigale.* — Voilà bien encore une autre musique non moins détestable, c'est le chant tant vanté de la cigale, qui se fait entendre de loin dans cette vigne ; il est continu et non alternatif comme celui des orthoptères. Approchons-nous lentement, et prenons garde que la cigale ne nous aperçoive, car elle se tairait aussitôt et s'envolerait au loin ; elle est là au soleil, fixée sur un échalas. — Vous la tenez ; examinez-la maintenant avec attention : sa tête large, triangulaire, porte une trompe d'hémiptère dirigée en arrière entre les jambes, deux petites antennes de six articles amincies à l'extrémité, deux gros yeux à réseau et trois yeux lisses brillants comme des escarboucles ; ses ailes et ses élytres sont également minces et transparentes avec des nervures brunes, aussi semble-t-elle être une grosse mouche à quatre ailes, et non un hémiptère ; mais sa trompe et ses analogies avec les cercopes et les cicadelles montrent bien qu'elle est du même ordre et de la même famille. Notre cigale chanteuse, qui est un mâle, porte en dessous, derrière les pattes, deux grandes plaques ou opercules jaunâtres qui recouvrent comme des volets ses instruments de musique. Soulevons-les de force : elles recouvrent deux grandes cavités séparées par une membrane mince et présentant au fond, vers le thorax, une autre membrane irisée qu'on nomme la timbale. C'est cette membrane qui, tendue et relâchée alternativement par de petits muscles, produit le son de la même manière qu'une feuille de papier bien sec qu'on secoue rapidement ; la grande cavité est là pour renforcer le son, comme la caisse des instruments à cordes.

La cigale femelle n'a point ces instruments de musique, mais elle porte à l'extrémité du ventre une tarière dont la structure n'est pas moins admirable, et qui lui sert à introduire ses œufs jusqu'au centre des branches d'arbre ; les larves qui en sortent se cachent dans la terre et se nourrissent des racines des plantes ; elles ont des pieds robustes et adaptés à leur genre de vie ; la nymphe, qui en diffère par des étuis cour contenant les ailes, sort de terre et grimpe le long d'un arbre pour se métamorphoser en cigale. Voilà précisément une coque de nymphe d'où l'insecte est sorti ces jours-ci, et qui est encore attachée à l'arbre. Les Grecs mangeaient avec délices cette nymphe, nommée chez eux tettigomètre (*mêtêr*, mère; *tettigos*, de cigale), et même l'insecte parfait.

La Mante Prie-Dieu. — Un insecte qui, comme la cigale, ne dépasse guère, vers le Nord, les rives de la Loire, est la *Mante*, singulier orthoptère vert ou grisâtre; son abdomen et ses élytres molles sont élargis; son corselet étroit et allongé ressemble à un long corsage de femme; il porte deux grands pieds dont les hanches et les cuisses sont très fortes, très larges et bordées d'épines; la jambe élargie, terminée en croc et susceptible de se replier sur la cuisse, sert à la mante pour saisir et tuer sa proie. Cet insecte, déployant sa longue jambe, la lance brusquement sur les mouches qui passent à sa portée. La mante, dont les antennes sont amincies et dont la tête ressemble à celle des sauterelles, tient son corselet redressé et ses bras rapprochés comme une personne agenouillée pour prier Dieu; c'est pourquoi les paysans du Midi l'ont nommée *Prega-Diou;* ils croient qu'elle a quelque chose de surnaturel et qu'elle montre obligeamment le chemin à ceux qui sont égarés, en tournant ses mains d'un côté ou de l'autre.

Le Rhynchite doré ou *la Lisette.* — Ces feuilles de vigne roulées comme un cigare et pendantes çà et là, servent à loger les œufs d'un joli coléoptère porte-bec, le Rhynchite doré (*Rhynchites betuleti*), que vous venez de prendre : il est long de deux lignes et demie, d'un beau vert doré, avec la tête noire ; lui et sa larve causent souvent des dégâts considérables dans les vignobles, et les cultivateurs ne le connaissent que trop ; ils l'ont nommé la Lisette, la Bêche, le Durbec, dans divers cantons. Voici un autre coléoptère tétramère qui nuit aussi beaucoup à la vigne : on le nomme l'Eumolpe de la vigne ; il est long de deux lignes et demie, arrondi, noir, avec les élytres roussâtres ; son corselet est globuleux, ses antennes sont filiformes, et ses tarses sont élargis comme ceux des chrysomélines et des cassides.

LES LIEUX SABLONNEUX. — *Les Coléoptères du sable.* — Nous voilà arrivés au terrain sablonneux : nous trouvons entre ces herbes desséchées l'*Opâtre des sables,* coléoptère - hétéromère , ovale, long de trois lignes et large d'une ligne

et demie, gris, raboteux, avec trois cordons cré
nelés sur les élytres. Cet autre hétéromère gris,
plus bombé, long de cinq lignes, dont les
élytres ridées sont soudées ensemble, ce qui
indique que par dessous il n'y a pas d'ailes, est
l'*Aside grise*. Voilà un coléoptère bien plus
curieux : il est ovale, très bombé, long de quatre
lignes, noir, et tout couvert en dessus de tubercules perlés ; aussi l'a-t-on nommé le *Trox perlé* :
il fait partie de la famille des lamellicornes ; ses
tarses ont cinq articles, et ses antennes de dix
articles, dont le premier est très long et velu, se
terminent par un petit éventail.

— Nous avions déjà la cicindèle champêtre :
celle que vous venez de prendre au vol en diffère
par sa couleur brune et par la grandeur des
taches blanches, c'est la cicindèle hybride, qui
ne se trouve que dans les lieux sablonneux.

L'Iule et le Glomeris. — Prenez ce petit animal cylindrique, long de plus d'un pouce,
formé d'un grand nombre d'anneaux, et re-
couvert d'une armure d'acier poli ; il marche
très lentement ; on le nomme l'*Iule des sables ;*
ses deux cent quarante petits pieds sont si
courts qu'on les aperçoit à peine ; il se tourne
en spirale comme un serpent quand il redoute
quelque danger. Ce caractère lui est commun

avec cet autre myriapode le *glomeris*, que vous prendriez pour un de ces cloportes *armadilles* qui se mettent en boule, si vous ne faisiez attention qu'il a bien plus de quatorze pattes et qu'il n'a point de queue.

Les Sphex.—Vous voyez voler par saccades, puis courir rapidement sur la terre, de singuliers hyménoptères : leurs pattes sont très longues et leurs ailes sont plus courtes que l'abdomen, qui est porté sur un long pédicule, et est armé d'un fort aiguillon : ce sont des sphex ; celui-ci, qui est long de dix lignes, noir, avec l'abdomen fauve à la base, ayant le pédicule formé de deux articles, est le Sphex du sable (*sphex sabulosa*); cet autre, noir, poilu, ayant le pédicule de l'abdomen d'un seul article, avec les deux anneaux suivants, et la moitié du quatrième rougeâtre, est le Sphex du gravier (*S. arenaria*). Ces insectes construisent, avec de la terre, des cellules dans chacune desquelles ils déposent un œuf avec une chenille ou une araignée tuée à moitié, pour servir à la nourriture des jeunes larves qui ne tardent pas à éclore. Ils ont soin de fermer avec de la terre, ou même avec un petit caillou, ces cellules, qui ne s'ouvrent point avant que la larve, ainsi pourvue de vivres, n'ait subi toutes ses métamorphoses.

Le Fourmi-lion ou *Myrmiléon*. — Au pied de ce talus abrité, nous voyons le sable fin et sec creusé çà et là de trous réguliers en entonnoirs : c'est l'ouvrage de la larve d'un névroptère, le *Myrmiléon*, que nous allons trouver voltigeant aux environs ; il est long de quatorze lignes ; ses ailes, qu'il tient couchées contre le corps, sont très longues, réticulées et tachetées de brun : ses antennes, assez courtes, sont terminées en massue.

La larve a été nommée le Fourmi-lion, ou Formicaleo, d'où on a fait le nom *Myrmileo*, qui a la même signification en grec, parce qu'elle est très friande de fourmis. C'est pour leur tendre un piége qu'elle creuse ces jolis entonnoirs, au fond desquels, enfoncée dans le sable, elle tient ses mandibules ouvertes et toujours prêtes à saisir sa proie. En passant la main sous les entonnoirs, nous ramenons à la surface ces larves, qui sont grises, longues de trois à cinq lignes, avec un abdomen très gonflé, ovale, terminé en pointe et recourbé en dessous, un corselet très étroit portant six pattes assez longues, et une tête armée de deux longues cornes ou mandibules creusées d'un canal à travers lequel la larve suce sa proie, parce qu'elle n'a pas de bouche. Elle marche à reculons sur le sable, traçant un sillon en diverses directions, jusqu'à ce qu'elle ait trouvé un site convenable pour recommencer son entonnoir, qu'elle creuse en décrivant une spirale et en rejetant incessamment le sable par les mouvements brusques de sa tête. Emportons-la, nous la mettrons dans une boîte avec de la terre sablonneuse, et nous pourrons assister à ses travaux. Si nous lui donnons des mouches ou des fourmis, elle achèvera de se développer et se transformera en nymphe dans une coque de soie revêtue en dehors d'une couche épaisse de sable.

Douzième Promenade.

(20 SEPTEMBRE.)

LES ABEILLES. — LES GUÊPES.

LA RUCHE. — Dirigeons-nous d'abord vers l'une des ruches qui se trouvent dans le voisinage, et nous prendrons sur les fleurs quelques abeilles pour les étudier. Nous observerons leurs mœurs autant qu'il sera possible ; et pour tous les détails que nous ne pouvons vérifier en cet instant, nous nous en rapporterons à des auteurs qui ont pu obliger des abeilles à bâtir leurs cellules dans des ruches vitrées, et, par conséquent, les suivre dans tous leurs travaux.

Les abeilles font partie de l'ordre des hyménoptères ; c'est ce que vous reconnaissez facilement en remarquant leurs quatre ailes nues à cellules grandes, très inégales, et leur bouche qui se compose de deux fortes mandibules et d'une langue courte, droite, repliée sous la tête. Celle-ci se compose elle-même de cinq parties allongées bien distinctes et qui sont : les mâchoires, les palpes labiaux et la lèvre inférieure, conformés d'une manière toute particulière. Les mâchoires sont les pièces les plus extérieures; elles sont assez reconnaissables et forment, par leur réunion, une sorte d'étui aux trois autres pièces de la langue. Les palpes labiaux sont filiformes et très distinctement articulés à l'extrémité; la lèvre inférieure est très longue, jaune, velue, rétractile, renflée au bout; elle occupe le centre de la langue, dont elle est la seule partie agissante. Les antennes sont coudées. On voit trois petits yeux lisses sur le front; les tarses ont cinq articles, ceux des quatre pattes postérieures ont le premier article très grand, dilaté, en palette, et garni de poils, on les nomme la *brosse*. La jambe aussi est élargie, creusée et bordée de poils roides comme une corbeille, aussi lui donne-t-on ce nom; ce caractère et celui des tarses est celui qui distingue la famille des Mellifères, dont fait partie le genre des *Abeilles*.

La nôtre est l'abeille domestique (*Apis mellifica*). De même que chez toutes les autres vraies abeilles et chez les fourmis, chaque espèce comprend trois sortes d'individus, les mâles, les femelles et les ouvrières ou neutres, qui font tout le travail. Toutes celles que nous avons ici sont des ouvrières; elles sont longues de cinq à six lignes, effilées, d'un brun foncé, et un peu velues; leur abdomen est terminé par un aiguillon excessivement aigu, recourbé vers le haut. Les femelles sont beaucoup plus grosses que les ouvrières, également munies d'un aiguillon. Les mâles, nommés *Faux-Bourdons*, à cause du bruit qu'ils font en volant, sont d'une grosseur moyenne, et beaucoup plus velus; ils ont tous été tués dans le mois de juin par ces mêmes ouvrières qui les avaient nourris depuis leur naissance. Il ne faut donc pas nous attendre à en trouver à présent. Dans chaque ruche, qui renferme vingt à trente mille ouvrières, ils étaient au nombre de quinze à seize cents et ne faisaient absolument aucun travail.

La Reine.—Les femelles sont beaucoup plus rares, car il n'y en a ordinairement qu'une seule dans chaque ruche, on la nomme la *reine;* et si on l'enlève, les abeilles ouvrières, comprenant que leur travail serait désormais inutile, puisque la reine n'est plus là pour leur donner de nouvelles générations à soigner, se découragent et se dispersent.

Si on leur en donnait une autre dans les vingt-quatre heures qui suivent l'enlèvement de l'ancienne reine, elles la tueraient et la mettraient en pièces ; mais, plus tard, elles la reçoivent avec empressement et lui prodiguent les mêmes caresses qu'à la reine qu'elles ont perdue ; elles l'entourent, la lèchent de tous côtés et lui présentent du miel sur leur langue.

La reine est ordinairement la femelle la première éclose ; dès qu'elle est sortie de sa coque, et que le contact de l'air a affermi ses membres, elle se jette avec fureur sur les autres larves et nymphes qui lui auraient donné des rivales ; ouvrant avec ses mandibules la cellule de chacune, elle lui lance un coup d'aiguillon, et laisse aux ouvrières le soin d'emporter les cadavres.

Lorsque, ce qui est très rare, deux reines éclosent à la fois, elles sont aussitôt entourées et emprisonnées par les ouvrières, qui ne les lâchent que lorsqu'elles s'apprêtent à se livrer un combat, dans lequel l'une des deux succombe toujours ; chacune d'elles cherche à monter sur son adversaire, et lorsqu'elles se séparent comme pour reprendre haleine, les ouvrières les empêchent de se sauver.

Les Cellules. — Vous avez vu souvent des *gâteaux* ou *rayons* d'abeilles, ces jolis bâtiments de cire, composés de cellules à six pans, disposées sur les deux faces d'un plancher vertical. Ces cellules, dont la figure semble avoir été calculée pour employer moins de cire, exigent pour leur rapide construction la coopération d'un très grand nombre d'ouvrières; car chaque abeille n'y ajoute qu'une bien petite boule de cire, qu'elle ajuste avec soin à ce qui est déjà fait, en lui donnant la forme d'une lame la plus mince possible. Le fond est formé de trois pièces, appartenant à trois cellules dirigées en sens contraire; elles sont toutes profondes de cinq lignes environ, et larges de deux lignes et demie. Presque toutes, dans la ruche, sont pleines de miel, et renferment une larve qui s'en nourrit, et qui, lorsqu'elle veut se transformer en nymphe, tapisse de soie sa cellule, alors bouchée d'un couvercle de cire par les ouvrières. Les mâles viennent dans des cellules semblables; mais les larves de reines demeurent dans de très grandes cellules en forme de cornemuse, et remplies d'une espèce de gelée, faite exprès pour elles.

Les gâteaux ou rayons, ainsi formés, sont perpendiculaires à l'horizon, et suspendus au sommet et aux côtés de la ruche par de forts liens d'une espèce de cire particulière plus tenace.

La Cire et le Miel. — La cire, que long-temps

on a cru formée du pollen des fleurs, dont reviennent chargées toutes ces ouvrières, est le produit d'une sécrétion de l'abeille. C'est une sorte de transsudation qui s'amasse entre les anneaux de l'abdomen des ouvrières, d'où elles la retirent avec leurs brosses. Ces pelottes de pollen, qu'elles portent à leurs jambes postérieures, sont destinées simplement à les nourrir, elles et leurs camarades.

Le miel est le nectar des fleurs; le meilleur est celui des plantes labiées. Les abeilles se le procurent en plongeant leur langue au fond des fleurs; mais lorsque celles-ci sont trop profondes et trop étroites pour que la langue des abeilles y puisse atteindre, elles percent adroitement, avec leurs mandibules, la corolle et quelquefois même le calice de la fleur sur le côté. Lorsque leur jabot est rempli de miel, elles retournent le dégorger à la ruche; elles en font trois parts, l'une est pour elles-mêmes, une autre pour les autres habitants de la ruche, et une troisième est employée à la nourriture des larves. Une récolte que les abeilles sont obligées de faire lorsqu'elles s'établissent dans une nouvelle ruche, c'est celle de la *propolis*, résine gluante qui se trouve sur les bourgeons du peuplier, du bouleau, du marronnier d'Inde, etc., et qui leur sert à boucher toutes les ouvertures autres que la porte ; cette opération a pour objet d'empêcher l'humidité et le froid de pénétrer dans la ruche, qui est très chaude à l'intérieur, sans qu'on s'explique comment cela se fait, puisque les abeilles ont le sang froid, de même que tous les autres insectes.

L'Essaim. — Quand les abeilles sont bien établies dans une ruche, beaucoup d'entre elles parcourent les environs pour récolter le miel ; les autres se mettent à construire les rayons pour les œufs que la reine pond en si grand nombre, que souvent, au bout de quelque temps, les habitants de la ruche sont trop nombreux ; alors une partie des abeilles doit émigrer avec une jeune reine qu'on a laissée éclore, pour aller fonder un nouvel établissement. Cette colonie, qu'on appelle essaim, et vulgairement *jeton*, se repose d'abord à peu de distance de la ruche, sur une branche d'arbre, où elle se forme en une pelotte plus grosse que les deux poings, et au centre de laquelle se trouve la reine. Il est alors facile, en coupant la branche, de prendre l'essaim tout entier et de l'enfermer dans une ruche ; mais quand on a laissé échapper un essaim, on ne peut le reprendre qu'en faisant un grand bruit qui les effraie et les force à s'abattre, ou en leur jetant de l'eau, qu'elles prennent pour de la pluie.

La Ruche à tiroirs. — La plupart de ces observations sur la vie privée des abeilles ont été faites avec les ruches qu'on nomme ruches à tiroirs; ces ruches sont faites avec un certain nombre de tiroirs sans fond, ou de cadres, tous de même grandeur, qu'on place verticalement les uns contre les autres, en enfilade : ils sont bien ajustés par les bords et accrochés ensemble. Les tiroirs des deux extrémités ont seuls des fonds, et ces fonds sont en verre. L'épaisseur des tiroirs est calculée pour que dans chacun les abeilles ne puissent construire qu'un de leurs gâteaux verticaux épais de dix lignes. Ces ruches ainsi construites présentent plusieurs avantages : l'un, c'est qu'on peut les agrandir par l'interposition de nouveaux tiroirs vides à mesure seulement que la population augmente, car si on donnait tout d'abord une grande ruche à un essaim peu nombreux, les abeilles se décourageraient en voyant qu'elles auraient tant d'ouvrage à faire; un autre avantage des ruches à tiroirs consiste en ce que, lorsqu'on veut observer les abeilles sur un gâteau, on retire un tiroir avec son rayon, sans déranger les autres, et on lui substitue un tiroir vide, on ferme l'autre avec deux vitres, et les abeilles, surtout si on y met une reine, continuent leurs travaux.

Ennemis des Abeilles. — En s'occupant des abeilles, on doit dire aussi quelques mots de leurs ennemis. L'un d'eux, et le plus terrible, est la larve d'un joli coléoptère pentamère à antennes massue, qui est long de six à huit lignes, étroit, velu, bleu, avec les élytres rouges chargées de trois bandes bleues, dont la dernière est tout-à-fait à l'extrémité ; c'est le Trichode des Abeilles (*Trichodes apiarius*), qui ne se trouve à l'état parfait que sur les fleurs. Sa larve est rouge ; elle a six pieds, deux crochets à l'extrémité de l'abdomen, et deux fortes mandibules avec lesquelles elle dévore les larves des abeilles.

Plusieurs teignes, et surtout la Gallérie de la cire, font de grands dégâts dans les ruches, en dévorant la cire des rayons. Le grand et beau sphinx-tête-de-mort s'introduit souvent aussi dans les ruches, lorsque la porte en est trop grande, et, malgré les piqûres des pauvres ouvrières, il consomme en quelques heures le fruit de leurs pénibles courses.

Miel vénéneux.—Les mouches à miel de l'Amérique ne sont pas des abeilles proprement dites, mais des *Mélipones ;* elles font leur nid dans les arbres. Le nid de la Mélipone Amalthée a la forme d'une cornemuse ; son miel liquide et très doux sert aux Indiens qui le font fermenter et en fabriquent une boisson. Il paraît que le miel d'une abeille de Saint-Domingue est très vénéneux ; on attribue ce fait aux fleurs des *Plumeria*, très communs dans ce pays.

Le miel de nos abeilles est quelquefois aussi vénéneux : c'est ce qui arrive dans les montagnes où ces insectes vont butiner sur les fleurs d'*Azalea*. L'historien grec Xénophon nous apprend que dans la retraite des dix mille, plusieurs de ses soldats furent empoisonnés par du miel qu'ils avaient enlevé à des abeilles sauvages, près de Trébizonde, dans l'Asie-Mineure.

Mais poursuivons notre promenade dans le jardin et dans les champs où l'automne fait briller encore quelques fleurs. Nous trouverons dans les diverses sortes d'abeilles sauvages de nouveaux sujets d'admiration et d'étonnement.

Le Xylocope. — Voyez cette énorme abeille noire, longue de dix lignes, fort velue, dont les ailes, brunes par transparence, paraissent violettes par réflexion, c'est l'ancienne abeille *Perce-Bois* ou *Menuisière*; elle est aujourd'hui le type du genre xylocope, ainsi nommé des mots grecs *xylon*, bois, et *coptô*, je coupe. Les différents noms qu'elle a reçus indiquent une particularité curieuse de son industrie. La femelle seule, car parmi les xylocopes il n'y a point d'ouvrières ou neutres, ni d'associations, la femelle, sans autre instrument que ses mandibules, creuse, dans les vieux poteaux exposés au soleil, des canaux verticaux assez longs, larges de quatre à cinq lignes. En agglutinant la sciure de bois, elle divise ces galeries en plusieurs loges par des cloisons horizontales, et dépose successivement dans chacune un œuf et de la pâtée composée de miel et de pollen.

L'Abeille maçonne. — Prenez aussi cette abeille un peu plus grosse que l'abeille des ruches, mais qui est noire, avec des poils jaunes sur la tête, et des poils d'un gris roussâtre sur le reste du corps. C'est l'Abeille maçonne (*Apis muraria*). Son nom spécifique exprime aussi son industrie. Effectivement, pour construire son nid, la femelle choisit sur un mur exposé au midi quelque endroit abrité par des pierres saillantes ou des corniches ; elle y construit plusieurs loges avec de la terre détrempée, à laquelle elle ajoute une liqueur gluante. Dans chacune des loges elle dépose un œuf et de la pâtée, puis elle la ferme soigneusement. Chaque nid contient dix à quinze loges et ressemble à un peu de terre mouillée qu'on aurait jetée contre le mur. La maçonne fait partie du genre *Osmie* (*Osmia*), et a pour ennemi un autre trichode (*Trichodes alvearius*), différent de celui des ruches, parce qu'il a le bout des élytres rouges et taché de bleu à l'écusson.

Les Coupeuses. — Prenez cette abeille de petite taille, dont l'abdomen, porté sur un court pédicule aplati, a des bandes blanches en dessus, et une sorte de grande brosse rousse en dessous ; c'est l'Abeille coupeuse de feuilles du rosier, du genre Mégachile (*Megachile centuncularis*). Son nom lui vient de ce que, avec ses mandibules, elle découpe aussi nettement et aussi vite que nous pourrions le faire avec des ciseaux les feuilles de rosier en pièces rondes ou ovales. Elle en fait de fort jolies cellules qui ont la forme d'un dé à coudre, dans des trous le long des chemins ou dans les murailles.

Cette autre petite abeille, longue de quatre lignes, noire, avec trois dents aux mandibules, couverte de poils d'un gris roussâtre sur la tête et le corselet, et dont l'abdomen, gris, soyeux en dessous, a les anneaux bordés seulement de gris en dessus, est l'Osmie du pavôt (*Osmia papaveris*) ou l'Abeille tapissière. Son nom lui vient de ce que la femelle tapisse avec des morceaux de pétales de coquelicot un trou qu'elle creuse au bord des chemins, et dans lequel elle dépose un œuf et de la pâtée composée de pollen et de miel. Pendant qu'elle récolte cette pâtée, elle laisse déborder de quelques lignes autour de son trou la tenture de l'intérieur, d'où il résulte un petit cercle couleur de feu. Plus tard, cette osmie replie cette bordure dans le trou qu'elle bouche avec de la terre quand tout est terminé. Au même genre osmie appartiennent et l'abeille maçonne et certaines abeilles qui demeurent dans les coquilles vides de limaçons.

LES BOURDONS. — Prenez avec votre filet ces grosses abeilles presque globuleuses, très velues et dont les poils diversement colorés forment des zones ; ce sont des Bourdons (*Bombus*). Celui-ci, le plus gros, qui est noir, avec une bande jaune sur le corselet et une autre à la base de l'abdomen dont l'extrémité est blanche, se nomme le Bourdon souterrain (*Bombus terrestris*). Dans ce genre, il y a, de même que dans celui des abeilles, trois sortes d'individus : des mâles, des femelles et des ouvrières ; mais les uns et les autres sont en nombre à peu près égal. Dans chaque société, qui se compose de quarante individus environ, les femelles et les ouvrières creusent dans la terre, aux endroits secs et exposés au soleil, une grande cavité profonde de un à deux pieds, aplatie, garnie de mousse et de feuilles sèches, sur lesquelles reposent des gâteaux informes d'une espèce de cire, creusés de cellules contenant de la pâtée et des œufs.

Cette autre espèce plus petite, noire, avec l'extrémité de l'abdomen rousse, est la femelle ou le neutre du Bourdon des pierres (*B. lapidarius*) qui niche sous les tas de pierre. On a long-temps regardé comme une espèce particulière le mâle que nous avons aussi et qui a la tête et le devant du corselet d'un jaune citron.

Voici une troisième espèce de bourdon bien reconnaissable à son aspect ; il est fauve, avec le corselet roussâtre, plus foncé, c'est le Bourdon des mousses (*B. Muscarum*).

Les guêpes. — Prenons maintenant les diverses espèces de guêpes qui voltigent sur les fruits plus encore que sur les fleurs ; elles ne vous sont connues que comme des insectes malfaisants, mais bientôt vous conviendrez qu'elles méritent notre admiration tout autant que les abeilles. Leur taille élancée, leur corps lisse et peint de jaune et de noir, leur trompe très courte, leurs yeux échancrés, leurs antennes coudées et terminées en massue, et enfin leurs ailes pliées longitudinalement en deux dans le repos, les font facilement reconnaître.

En voilà déjà plusieurs espèces : une d'entre elles, longue de six lignes, a le premier segment de l'abdomen en poire, et le second très grand, en cloche ; ce n'est pas une vraie guêpe, c'est une Eumène (*Eumenes coarctata*). Elle est noire avec des taches et le fond postérieur des anneaux de l'abdomen jaunes. Ces eumènes vivent solitaires. Il n'y a pas de neutres chez elles. La femelle seule bâtit séparément pour chacun de ses œufs, sur la tige des bruyères, et avec un mortier terreux, des cellules arrondies, fermées, dans chacune desquelles elle dépose un œuf et du miel.

Parmi les autres guêpes, il y a encore deux genres à remarquer : les guêpes qui ont l'abdomen tronqué en devant, rétréci brusquement en un très court pédicule, sont de vraies guêpes (*Vespa*) ; mais celles où il se rétrécit insensiblement, sont des Polistes (*Polistes*) : les unes et les autres vivent en société.

L'une de nos vraies guêpes, qui est très grosse, longue d'un pouce, qui a le corselet velu, les ailes brunâtres, l'abdomen noir avec des raies et des taches jaunes, et qui produit en volant un bourdonnement très fort, est la guêpe-frelon

(*Vespa crabro*). Elle niche dans les troncs d'arbres creux et sous les charpentes des greniers ; son nid est grand, il renferme une vingtaine de cellules hexagones très grandes, formées d'un papier brun très fort que la guêpe fabrique avec du bois haché. Elle se nourrit, comme les autres guêpes, de fruits et d'insectes vivants : ses piqûres sont cruelles et peuvent donner la fièvre, si l'on n'a pas la précaution de mettre sur la blessure un peu d'ammoniaque ou de chaux.

Cette autre vraie guêpe, longue de huit lignes, qui a sur le corselet trois paires de taches jaunes, et dont l'abdomen, également jaune, porte sur chaque anneau deux points noirs, est la Guêpe commune (*Vespa vulgaris*). Elle niche dans la terre et vient souvent dans les maisons où elle fait la chasse aux mouches. Dans les villages, cette espèce et la plupart des autres font de fréquentes visites aux bouchers, et elles s'abattent sur la viande et en coupent des morceaux qu'elles mangent toutes ensembles au guêpier, et dont elles dégorgent le jus à leurs larves.

Treizième Promenade.

(25 OCTOBRE.)

L'ORGANISATION DES INSECTES.

La saison plus rigoureuse ne nous permet plus de recueillir de nouvelles richesses dans la campagne : nous continuerons donc notre étude à la maison, en classant le produit de nos chasses précédentes, et en pénétrant, à l'aide du scalpel et du microscope, dans les secrets de l'organisation des insectes. Cependant, pour avoir quelques insectes vivants à observer, nous pourrons encore visiter les écorces des vieux arbres, chercher sous les pierres et sous la mousse, et même pêcher dans les eaux des insectes aquatiques et leurs larves, et les divers crustacés d'eau douce dont nous avons déjà parlé ; enfin, les cloportes ne nous manqueront jamais, soit que nous en trouvions sous les herbes et le long des murs du jardin, soit qu'il faille les chercher dans les celliers ou dans la cave.

Dissection des insectes. — Les instruments nécessaires sont : 1° des ciseaux très minces, comme ceux dont les dames se servent pour découper la broderie, si nous ne pouvons avoir ceux que le savant M. Strauss-Durkheim a inventés ; 2° un petit scalpel fixé dans un manche octogone pour qu'il se tourne facilement en tous sens, ou, à défaut, un canif bien affilé sur une pierre à rasoir ; 3° enfin, deux aiguilles emmanchées dans du jonc ou rotin, et aiguisées en les roulant entre les doigts pour leur conserver une pointe fine et ronde.

Après avoir enlevé les ailes et les pattes, on coupe le bord de l'abdomen et du thorax, afin de pouvoir enlever les téguments du dos pour reconnaître tous les organes en place. Si l'opération était faite à l'air, on aurait beaucoup de peine à se reconnaître dans toutes ces parties entassées, mais si on place l'insecte dans l'eau, il est aisé de séparer et de faire flotter les trachées, l'intestin et les autres organes. Une fois que l'insecte est ouvert et ainsi préparé, il faut le fixer avec des épingles sur une couche de cire ou sur une plaque de liége, tenue au fond d'une soucoupe ou d'une petite caisse pleine d'eau, qu'on place sur le porte-objet du microscope simple. Avec les ciseaux et le scalpel on a coupé ou détaché toutes les parties qui faisaient obstacle, et avec les aiguilles, que souvent on remplace par des pointes d'ivoire ou d'écaille, on écarte peu à peu les organes, on les déploie, on les étend dans le liquide, on brise les petits ligaments qui les maintenaient.

Respiration des insectes. — Trachées. — C'est alors un spectacle curieux que celui des trachées ramifiées à l'infini comme de petits arbres d'argent, et que celui de l'intestin souvent hérissé de papilles et entouré de glandes symétriques. L'ovaire ou le réservoir des œufs, formé, dans les papillons et dans les mouches à deux ou quatre ailes, de plusieurs branches, commes des colliers de perles contournés en spirale, n'est pas moins admirable.

Les trachées sont des tubes ou tuyaux creux, formés d'une double membrane et renforcés par des fibres roulées comme le fil de laiton de l'élastique de bretelle. En se réunissant en branches et en troncs de plus en plus gros, elles vont aboutir à des ouvertures en forme de boutonnière situées, par paire, sur les côtés de chaque anneau du thorax et de l'abdomen, et nommées *stigmates*; ces stigmates, vous les avez bien vus dans les chenilles, et surtout dans celle du paon-de-nuit, où ils sont colorés en rouge.

Ils donnent accès à l'air qui se distribue dans les trachées par tout le corps, et sont garnis de petits poils qui s'opposent à l'entrée de l'eau, de la poussière et des corps étrangers. C'est l'air contenu dans les trachées qui leur donne cet aspect argentin.

Les troncs, formés par la réunion des trachées, communiquent souvent entre eux par de gros canaux étendus le long du corps; souvent aussi les trachées présentent des renflements en forme de sacs, nommés poches aériennes, de sorte que l'intérieur de l'insecte est plus d'à moitié plein d'air : cela explique pourquoi ces animaux résistent si long-temps à la suffocation, pourquoi ils flottent sur l'eau, et pourquoi, dans certains cas, l'insecte parfait est plus gros que sa nymphe, parce qu'il a gonflé d'air tous ses sacs aériens après l'éclosion.

Tous les insectes parfaits respirent par des stigmates; cependant les espèces aquatiques de coléoptères et d'hémiptères paraissent respirer par l'extrémité de l'abdomen; mais vous avez remarqué que leurs stigmates étant recouverts par les étuis, ils conservent une provision d'air entre les étuis et l'abdomen, et quand ils viennent respirer à la surface, ils n'ont qu'à renouveler leur provision.

Beaucoup de larves, au contraire, respirent réellement par des tuyaux ou des orifices situés à la partie postérieure; la larve de la Libellule respire l'air dissous dans l'eau par la surface interne de l'extrémité de l'intestin; celle de l'éphémère n'a aucune ouverture pour admettre l'air dans ses trachées, et respire en agitant, comme les ouïes des poissons, des feuillets formant une double rangée sur le dos.

Intestins des insectes. — Avec les trachées, vous voyez un amas de graisse blanche ou jaunâtre, contenue dans de petits sacs réunis en grappes et liés par des membranes très déliées; cette graisse empêche de bien voir l'intestin, il faut donc l'enlever avec les aiguilles ou avec une petite bruxelle. Les trachées étant également écartées, on voit l'intestin qui, à partir de la bouche, vient en ligne droite jusqu'à l'entrée de l'abdomen, où il so renfle en estomac et en jabot. Il fait ensuite des circonvolutions plus nombreuses chez les herbivores, moins nombreuses chez les carnassiers, ou bien il se continue presque en ligne droite, comme chez les chenilles et certaines larves. A l'intestin aboutissent, en un ou en deux points différents, des vaisseaux minces jaunâtres qu'on a nommés vaisseaux biliaires, à cause de l'analogie supposée de leurs fonctions avec celles du foie qui sécrète la bile chez les animaux supérieurs. Ces vaisseaux biliaires sont au nombre de deux, de quatre, ou de six chez les hémiptères, les coléoptères et plusieurs autres insectes; mais ils sont en nombre beaucoup plus grand et forment comme une houppe de fils minces chez les orthoptères et les hyménoptères.

Les insectes suceurs ont ordinairement des glandes salivaires qui fournissent un liquide nécessaire pour rendre leur nourriture plus facile à pomper, ou pour causer une irritation qui rend les humeurs plus abondantes dans les piqûres qu'ils ont faites.

Le brachine-pétard a dans l'abdomen un appareil très complexe pour la préparation de la liqueur explosive que nous avons remarquée au printemps.

Le thorax et les membres sont presque remplis de muscles ; ce sont de petits cordons mous, blanchâtres, qui, vus à un fort grossissement, paraissent finement plissés en travers. Ces muscles conservent la vie fort long-temps, lors même qu'ils ont été enlevés du corps de l'animal : c'est pourquoi des pattes détachées ou un aiguillon d'abeille continuent à se mouvoir, comme vous l'avez vu si souvent.

Les nerfs des insectes. — Enlevons les trachées, l'intestin et les muscles, et nous verrons, le long du ventre, entre la base des pattes, le cordon nerveux, partant de la tête, où il forme un anneau autour de la bouche et envoie des nerfs aux antennes, aux yeux et aux parties de la bouche. Ce cordon présente à la naissance de chaque paire de pattes un renflement qu'on nomme un ganglion, et d'où partent des nerfs subdivisés en fibres qui se rendent à chaque muscle, à chaque organe. Le cordon, qui est ordinairement double entre les ganglions, présente encore une suite de renflements correspondant à chaque anneau de l'abdomen, et se termine en un nombre considérable de filets destinés à l'intestin, à l'ovaire et aux autres organes, tels que l'aiguillon, etc.

Les deux nerfs des yeux en réseau présentent un renflement considérable, d'où partent autant de petits filets qu'il y a de facettes au réseau. On voit distinctement ces facettes, en dégageant l'intérieur de l'œil de tout ce qu'il contient, et en soumettant au microscope la coque transparente qu'on nomme la cornée. En faisant passer un objet devant le miroir du microscope, on reconnaît facilement que chaque facette transmet une image distincte, de sorte qu'un œil à réseau représente plusieurs milliers d'yeux. Les gros nerfs qui se rendent aux antennes donnent à penser que ces organes doivent remplir des fonctions fort importantes : ce sont les organes de l'odorat ou de l'ouïe, et peut-être de ces deux sens à la fois ; leur enveloppe est aussi dure que le reste des téguments ; mais certaines ouvertures qu'on voit bien, surtout dans les antennes des pucerons, paraissent servir à mettre les nerfs de l'intérieur en rapport avec les odeurs ou les émanations.

Le cœur ou vaisseau dorsal. — Les insectes n'ont point de sang ; un liquide légèrement coloré en brun ou en vert emplit leurs cavités et baigne l'intestin, les muscles et les autres organes qui y doivent puiser les matériaux de leur nutrition. Ce liquide est vivifié par l'air des trachées qui le traversent en tout sens, et est renouvelé par la transsudation de l'intestin ; il est continuellement transporté de la queue vers la tête par un vaisseau à parois lâches et peu distinctes, qui occupe le milieu du dos sous la peau et qu'on voit bien se contracter d'arrière en avant dans les chenilles à peau transparente comme le ver à soie ; on le voit aussi dans les sauterelles, et dans les coléoptères à étuis soudés, dont l'abdomen reste plus mou sous cette cuirasse ; ce vaisseau, nommé le *vaisseau dorsal*, est formé de parties contiguës qui se contractent l'une après l'autre.

Les poils et les écailles. — Il n'y a rien dans les insectes qui, soumis au microscope, ne puisse devenir un sujet d'études pleines d'intérêt. La poussière des papillons est formée d'une infinité de petites écailles ovales ou allongées, dentelées au bout et munies d'une petite pointe logée dans un petit trou de l'aile, comme les plumes des oiseaux sont implantées dans leur peau : ces écailles sont formées d'une double membrane, laissant entre elles des canaux longitudinaux remplis d'air qui paraissent autant de lignes plus foncées. Le papillon blanc du chou a aussi un certain nombre d'écailles en forme de cœur entremêlées avec les autres écailles.

Ce sont des écailles du même genre qui font paraître argentés ou dorés certains insectes, comme des charançons (les *polydrusus*), les hannetons bleus (*hoplia farinosa*), les dermestes et leurs larves.

Quatorzième Promenade.
(NOVEMBRE ET DÉCEMBRE.)

LA BIBLIOTHÈQUE.

Les frimas couvrent la terre, le froid a durci la surface des eaux, et nous avons dû renoncer à parcourir la campagne; mais il nous reste encore à faire une promenade, et ce ne sera pas la moins importante; elle aura lieu dans une bibliothèque publique ou dans celle de quelque riche ami des sciences et des lettres. Partout assurément nous ne trouverons pas tous les livres que nous allons citer; c'est à peine si dans les bibliothèques des grandes villes ou chez des naturalistes peu nombreux nous aurons quelque chance de rencontrer les plus rares et ceux qui se publient à l'étranger. Cependant il en est, tels que l'*Encyclopédie méthodique*, les *Dictionnaires d'histoire naturelle*, les *Mémoires* de Réaumur, l'*Histoire des insectes* de Geoffroy, qui sont parvenus depuis long-temps jusqu'au fond des provinces les plus reculées.

Parmi les auteurs nous distinguerons, 1° les anatomistes qui nous font connaître l'organisation des insectes; 2° les historiens qui ont étudié leurs mœurs; 5° les classificateurs et descripteurs; 4° enfin les iconographes qui ont enrichi la science de belles collections de figures au moyen desquelles on reconnaît bien plus facilement une espèce désignée par telle ou telle dénomination.

Les anatomistes.— En tête des anatomistes il faut placer le Hollandais Swammerdam; il était arrivé à un tel degré d'habileté qu'il pouvait disséquer et isoler les organes des plus petits insectes; les princes étaient curieux d'assister à ses travaux. Dégoûté de ses études par des chagrins domestiques, il ne prit même pas le soin de réunir ses travaux en un corps d'ouvrage. L'illustre médecin Boerhaave, son compatriote, les publia, sous le titre de *Biblia naturæ*, en latin et en hollandais, et l'Académie des sciences de Paris en fit faire une traduction française. Les planches du *Biblia naturæ* sont d'une exécution parfaite; elles font connaître l'organisation de l'éphémère, du cousin, du stratiome, du nasicorne et de beaucoup d'autres insectes; mais celles de la traduction française sont bien inférieures; aussi peut-on acheter la traduction pour 12 ou 15 francs, tandis que l'original coûte 60 ou 80 francs.

Malpighi, célèbre médecin italien, a fait des travaux fort curieux sur l'anatomie du ver-à-soie et sur quelques coléoptères ; on les trouve dans ses œuvres publiées en latin.

Leeuwenhoek, qui vivait à la fin du dix-septième siècle et au commencement du dix-huitième, maniait le microscope avec une habileté qui ne s'est point rencontrée depuis ; il étudiait tous les objets du monde microscopique et publiait ses découvertes sous forme de lettres adressées à la Société royale de Londres et à différents savants célèbres. Ces lettres sont rassemblées dans quatre volumes, publiés en latin à diverses époques de 1695 à 1725, et dont le premier porte le titre d'*Arcana naturæ*. On y trouve beaucoup d'observations exactes sur la structure des plus petits insectes.

Lyonnet, autre Hollandais, est connu par la publication de l'anatomie de la chenille du saule ou du cossus. Lui-même a dessiné et gravé les planches d'une manière qui rappelle le fini des tableaux de l'école hollandaise. Son ouvrage, qui date de 1762, se vend 30 à 40 francs. On a publié depuis quelques années un recueil posthume de travaux anatomiques du même auteur, mais il est bien inférieur au premier.

Strauss a donné, en 1828, sa belle anatomie du hanneton comme exemple des principes généraux qu'il pose dans son ouvrage intitulé : *Recherches sur l'anatomie comparée des animaux articulés.*

Léon Dufour a publié successivement, dans les *Annales des sciences naturelles*, une suite de mémoires sur les organes de la digestion et de la reproduction chez les coléoptères ; et plus récemment, dans les Mémoires de l'Institut, il a donné l'anatomie des hémiptères, qui est son plus bel ouvrage.

Avant lui, un naturaliste allemand, Ramdhor (en 1809), avait publié un travail fort important sur le système digestif des divers groupes naturels des insectes. — Plusieurs autres Allemands, tels que Gaede, Herold, Burmeister, Treviranus, etc., ont publié des recherches anatomiques fort intéressantes. — Jurine, de Genève, a fait paraître un beau Mémoire sur les friganes, qui doit être cité aussi, ainsi que le Mémoire d'Audouin sur les cantharides.— Cuvier, dans ses Leçons d'anatomie comparée, a traité la question d'une manière générale et avec supériorité.—Réaumur, enfin, dans ses Mémoires, avait donné beaucoup d'observations anatomiques ; mais c'est plutôt comme historien des insectes qu'il mérite de fixer notre attention.

Les Historiens. — Il faudrait plus qu'une vie tout entière à celui qui observerait sans méthode, pour voir tout ce que Réaumur a vu. Son ouvrage, dont nous recommandons la lecture, se compose de six volumes de mémoires in-4°, publiés en 1754. On trouve aisément à les acheter pour 30 ou 40 francs. Ils sont conservés d'ailleurs dans presque toutes les anciennes bibliothèques.

Un ouvrage plus rare et qui forme la continuation de celui-ci, est l'ouvrage du Suédois Degeer, imprimé en français dix-huit ou vingt ans après ; il forme 7 gros volumes in-4°, et comprend, en outre d'une foule d'autres observations curieuses, la description de toutes les espèces connues de l'auteur.

Huber, l'historien des abeilles, ne mérite pas moins notre admiration pour avoir découvert avec une si rare sagacité les secrets de ces républiques d'insectes, que pour avoir pu substituer les yeux d'un autre aux siens, car il était aveugle (voy. *Magasin pittoresque*, 1834, p. 199). Les observations sur les abeilles forment seulement deux volumes in-8°. Huber le fils a publié le 2e tome de cet ouvrage, et pour son propre compte l'*Histoire des mœurs des Fourmis indigènes*. Quelques années auparavant, Latreille avait publié aussi une *Histoire naturelle des Four-*

mis, en un volume; et Bonnet, célèbre philosophe de Genève, avait précédemment aussi publié, sous le titre d'*Insectologie*, deux volumes remplis d'observations curieuses sur les fourmis et sur les chenilles.

Latreille, dans un ouvrage en six volumes intitulé : *Histoire naturelle des insectes*, et faisant partie de l'édition de Buffon publiée par Sonnini en 1802, avait présenté un résumé général des observations antérieures sur les mœurs des insectes. Ce même travail a été fait d'une manière plus complète dans l'*Introduction à l'entomologie*, récemment publiée en anglais par Kirby et Spence.

CLASSIFICATEURS ET DESCRIPTEURS. — Ce fut Linné qui imagina de désigner chaque espèce par un adjectif ajouté au nom générique ; il débarrassa ainsi la science des phrases descriptives employées pour désigner les espèces, et qui de jour en jour seraient devenues plus longues et plus compliquées, à mesure que les collections étaient plus nombreuses. Les principales divisions, les ordres et les genres établis par lui ont été presque tous conservés ; sa classification est exposée dans son *Systema naturæ*, qui a eu successivement treize éditions latines de plus en plus complètes, et dont la dernière est de 1767.

Geoffroy, daus son *Histoire des Insectes des environs de Paris*, en deux volumes in-4° (1762), adopta les divisions principales de Linné, mais ne voulut prendre ni ses noms de genre, ni ses noms d'espèce; de sorte que, pour se servir utilement de son livre, il faut établir la synonymie ou la correspondance de ses dénominations avec celles dont on se sert aujourd'hui; cependant ses descriptions sont très claires, et l'on trouve beaucoup à apprendre dans ses observations générales sur chaque famille et sur chaque genre.

Fabricius, savant entomologise de Kiel, s'est occupé exclusivement de classer et de caractériser les insectes. On a de lui plusieurs volumes en latin, très utiles pour déterminer les espèces : ce sont le *Systema eleutheratorum*, en deux volumes, pour les coléoptères; le *Systema piezatorum*, de 1804, pour les hyménoptères ; le *Systema antliatorum*, de 1805, pour les diptères; le *Systema rhyngotorum*, de 1803, pour les hémiptères, et quelques ouvrages antérieurs, et par conséquent moins complets; car, en histoire naturelle, les ouvrages descriptifs sont d'autant meilleurs qu'ils sont plus récents; ces divers ouvrages de Fabricius se vendent 8 à 10 francs le volume.

Lamarck a donné, en suivant Linné, une classification assez bonne pour son temps. Oli-

vier, dans son Entomologie, s'occupa seulement
des coléoptères ; mais dans l'Encyclopédie méthodique, il publia l'histoire et la description de
toutes les espèces d'insectes des différents ordres
d'après les principes de Linné, en suivant
l'ordre alphabétique pour les genres. Duméril,
associé d'abord aux travaux de Cuvier, s'occupa
beaucoup d'entomologie : malheureusement les
dénominations qu'il voulait introduire dans la
science n'ont point été adoptées, de sorte que ses
ouvrages sont beaucoup moins utiles aujourd'hui
que ceux de Latreille. Celui-ci, après avoir posé
les bases de la classification des crustacés et des
insectes dans son ouvrage latin ayant pour titre
Genera insectorum et crustaceorum, perfec-
tionna son œuvre successivement dans la première et dans la seconde édition du *Règne animal* de Cuvier, dont il fut le collaborateur. Dans
l'intervalle qui s'écoula entre ces deux éditions,
il avait publié sous le titre de *Familles du règne
animal*, un volume bien moins complet qui a
perdu tout son prix aujourd'hui. Les deux derniers volumes du Règne animal (1829), consacrés aux crustacés et aux insectes, peuvent
servir de guide pour la classification ; ils ne sont
pourtant pas sans défaut; bien loin de là, l'expo-
sition des caractères est souvent embrouillée et

diffuse, et la disposition n'en vaut absolument rien. Latreille paraît souvent avoir perdu courage devant le pêle-mêle des genres et sous-genres innombrables qu'il aurait fallu débrouiller, et cela se voit surtout dans ses diptères.

Si l'on voulait ranger une collection nombreuse, il faudrait donc recourir aux ouvrages originaux sur les divers ordres et même sur certaines familles. Pour les coléoptères, on aurait la *Fauna succica* de Gyllenhall, en 4 volumes, du prix de 50 francs ; pour les carabiques en particulier, le *Species* des coléoptères de Dejean ; pour les brachélytres, la *Monographia micropterorum* de Gravenhorst; pour les porte-bec ou charançons, la *Dispositio methodica curculionidum*, etc.

Les diptères seront rangés au moyen des ouvrages de Fallen (*Diptera Succiæ*), de Meigen, de Macquart et de Robineau Desvoidy ; les hémiptères avec les ouvrages de Fallen, de Hahn, de Stoll, de Wolff, etc.; les hyménoptères, avec les ouvrages de Lepelletier Saint-Fargeau, pour les tenthredes ; de Gravenhorst, pour les ichneumons; de Kirby, pour les abeilles, etc.

LES ICONOGRAPHIES. — S'il faut un grand courage pour chercher à déterminer le nom spécifique des insectes d'après les livres, il n'en est pas de même si ces livres ont des figures bien faites; ce travail alors n'est plus qu'un amusement; malheureusement les collections de figures sont fort chères, et quand on s'en est servi une fois on n'en a plus besoin,, car on préfère toujours un beau papillon à la figure, si bien faite soit-elle, qu'on trouve dans les livres.

Nous citerons comme un des plus beaux recueils en ce genre, l'*Histoire naturelle des papillons d'Europe*, par Godart, continuée par Duponchel; l'*Iconographie des insectes d'Europe*, comprenant seulement des carabiques, est également belle. C'est le général Dejean, possesseur de la plus riche collection de coléoptères, qui a commencé cette publication.

L'*Iconographie du règne animal*, par Guérin, et le *Magasin de zoologie*, du même auteur, donneront des renseignements utiles. Parmi les ouvrages plus anciens, nous citerons l'*Entomologie* d'Olivier, en quatre volumes in-4°, contenant un grand nombre d'espèces assez reconnaissables; l'ouvrage de Stoll, sur les punaises et sur les cigales; ceux de Wolff et de Schaeffer, les *Horæ entomologicæ* de Charpentier, qui contient de bonnes figures d'orthoptères; les ouvrages de Cramer et de Ernst, sur les papillons; et enfin, la *Fauna insectorum Germanicæ*, de Panzer, singulière publication, coûtant fort cher, et formée de petits cahiers oblongs contenant, sur autant de feuilles détachées, la figure et la description de chaque espèce.

Les Dictionnaires et les Recueils. — Des livres plus faciles à trouver dans les bibliothèques, ce sont les dictionnaires. On en a un grand nombre, mais ils ne sont pas tous également bons. Celui de Valmont de Bomare est trop ancien; ceux publiés par Déterville, l'un en vingt-quatre et l'autre en trente-six volumes, pourront, surtout le dernier, rendre de grands services; ils contiennent beaucoup d'articles de Latreille qu'on lira avec fruit. Le grand *Dictionnaire des sciences naturelles,* en soixante volumes, sera utile à cause de son atlas dont les figures sont assez bonnes; les articles sur les insectes ont été faits par Duméril; ils sont intéressants, mais, comme nous l'avons dit, les dénominations employées par l'auteur ne sont point celles dont on se sert. Le *Dictionnaire classique d'histoire naturelle* est le plus nouveau de tous; la partie entomologique est faite d'après Latreille, et souvent copiée dans la première édition du *Règne animal.* Dans ces divers dictionnaires, toutefois, on n'a décrit que très peu d'espèces; il n'en est pas de même dans l'*Encyclopédie méthodique*, qui est une compilation bien faite et assez complète; ce sera un des livres dont vous tirerez le meilleur parti. L'atlas du même recueil est, au contraire, fort mauvais et renferme des erreurs singulières.

Quant aux recueils scientifiques, il en est peu qui soient exclusivement consacrés à l'histoire des insectes. Les *Annales de la Société entomologique de Paris* renferment beaucoup de mémoires importants ; et la *Revue entomologique* de Silbermann, à Strasbourg, a fait connaître des détails curieux sur les mœurs et sur l'organisation des insectes. Les *Annales des Sciences naturelles* contiennent souvent des travaux entomologiques ; c'est dans ce recueil qu'ont paru les mémoires de Léon Dufour et d'Audouin. Les anciennes *Annales du Muséum* et les *Mémoires du Muséum* sont des collections précieuses où l'on doit chercher des travaux qui n'ont point été reproduits ailleurs. Enfin, les *Mémoires de l'Académie des Sciences* et les *Transactions* des Sociétés savantes d'Angleterre pourront aussi être consultés avec fruit.

Quoique nous n'ayons pas parlé de tous les livres où vous trouveriez des renseignements utiles, nous en avons peut-être déjà cité un trop grand nombre. Quelques uns suffiraient assurément pour vous mettre à même d'établir un certain ordre dans votre collection. Ce n'est point d'ailleurs, comme nous l'avons déja dit, ce n'est point dans la connaissance des noms que réside la science ; c'est bien plutôt dans la connaissance des rapports et des harmonies qui existent entre les insectes et tous les autres objets de la création. Cherchez donc ces rapports, étudiez ces harmonies, et quand même vous n'auriez observé que les insectes divers qui vivent sur une des plantes de votre jardin ; quand même vous n'auriez bien vu que les ressorts admirables qui font jouer tant d'organes si déliés et si parfaits dans un seul de ces insectes, soyez persuadés que vous saurez plus d'histoire naturelle que le collecteur uniquement occupé à ajuster des noms aux innombrables insectes morts dont il ignore les instincts et les mœurs.

FIN.

EXPLICATION DE LA PLANCHE.

Fig. 1. *Coléoptère pentamère.*

a Antennes filiformes.
b Mandibules.
c Mâchoires.
d Palpes maxillaires.
e Palpes labiaux.
x Labre.
f Yeux composés ou en réseau.
B Thorax.
h Prothorax.
xx Ecusson.
C Abdomen.
l Elytres.
m Ailes.
o Cuisse.
p Jambe.
q Tarse de cinq articles.

Fig. 2. *Tête de coléoptère clavicorne vue en dessous.*

a Antennes.
b Mandibules.
c Mâchoires.
d Palpes maxillaires.
e Palpes labiaux.
xx Labre.
f Yeux composés ou en réseau.

Fig. 3. *Antenne de coléoptère lamellicorne.*

Fig. 4. *Hyménoptère.*

A Tête.
a Antennes coudées.
b Mandibules.
f OEil en réseau.
t t Langue.
B Thorax.
h Prothorax.
i Mésothorax.
k Métathorax.
m Ailes.
C Abdomen.
o Cuisse.
p Jambe.
q Tarse.
o°o Yeux lisses.

Fig. 5. *Patte postérieure d'abeille.*

n Hanche.
o Cuisse.
p Jambe.
q Tarse.
r Premier article du tarse dilaté en palette.

Fig. 6. *Tête de diptère* (A)

a Antennes.
o Palpes.
f Yeux composés.
s Trompe rétractile.

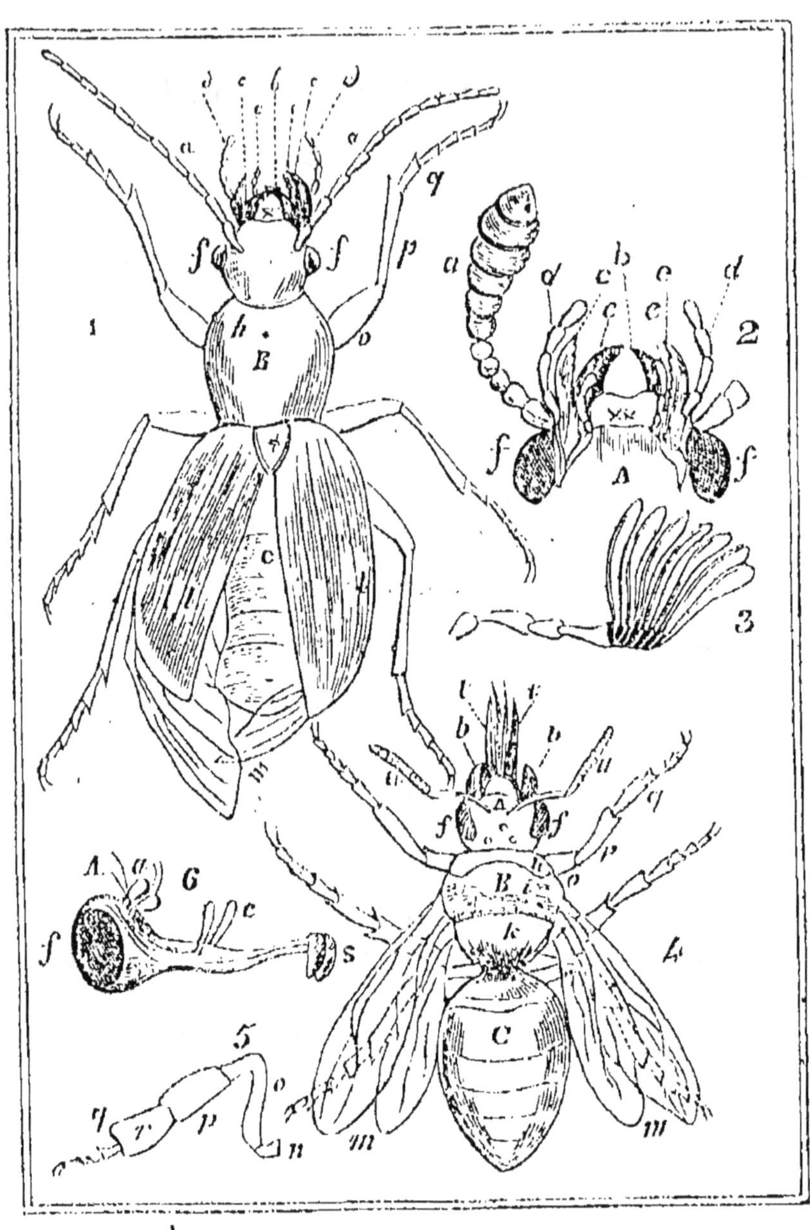

ERRATA.

Page 112, lig. 19, jeune encore, *lisez* jaune.
— 177, — 10, qui foulent, *lisez* qui roulent.
— 209, — 15, lampyrus, *lisez* lampyris.

TABLEAU MÉTHODIQUE

DES ANIMAUX ARTICULÉS

POUR SERVIR A DISPOSER DANS LA COLLECTION

LES CLASSES, LES ORDRES, LES FAMILLES, LES GENRES ET LES ESPÈCES.

(*Nota.* — Les quatre classes ou divisions principales sont indiquées par les plus grosses lettres; les ordres le sont par les petites capitales, et les familles par les *italiques*. Les noms écrits à la ligne sont : 1° le nom du genre, qui est indiqué par ce signe — quand il doit être répété pour plusieurs espèces ; 2° le nom spécifique, servant à désigner une espèce en particulier. — *Les chiffres mis à la suite indiquent les pages du livre où il est question des caractères de chaque division ou de chaque espèce.*)